U0264686

中华生活经典

梅兰竹菊谱

【宋】范成大等 著

杨林坤 吴琴峰 殷亚波 编著

中华书局

图书在版编目(CIP)数据

梅兰竹菊谱/(宋)范成大等撰;杨林坤,吴琴峰,殷亚波编著.—北京:中华书局,2010.9(2017.4 重印)
(中华生活经典)
ISBN 978 – 7 – 101 – 07545 – 8

Ⅰ.梅… Ⅱ.①范…②杨…③吴…④殷… Ⅲ.①园林植物 – 观赏园艺 – 中国 – 宋代②梅兰竹菊谱 – 译文③梅兰竹菊谱 – 注释 Ⅳ.S68

中国版本图书馆 CIP 数据核字(2010)第 153349 号

书 名	梅兰竹菊谱
撰 者	〔宋〕范成大等
编 著 者	杨林坤 吴琴峰 殷亚波
丛 书 名	中华生活经典
责任编辑	王水涣
出版发行	中华书局
	(北京市丰台区太平桥西里38号 100073)
	http://www.zhbc.com.cn
	E-mail:zhbc@ zhbc.com.cn
印 刷	北京瑞古冠中印刷厂
版 次	2010 年 9 月北京第 1 版
	2017 年 4 月北京第 7 次印刷
规 格	开本/710×1000 毫米 1/16
	印张 17 字数 140 千字
印 数	30001 – 33000 册
国际书号	ISBN 978 – 7 – 101 – 07545 – 8
定 价	34.00 元

前　言

自明朝万历末年以来，梅、兰、竹、菊并称，以"花中四君子"而驰名天下。早在宋元时期，中国花鸟画即喜以竹、梅为题材，配之以松，人称"岁寒三友"。元朝画家梅花道人吴镇在"三友"之外补画兰花，名之"四友图"。到了明神宗万历年间，集雅斋主人新安黄凤池舍松而引菊，辑成《梅竹兰菊四谱》，准备作为学画的范本刊刻流布。他的好朋友，明代著名文学家和书画家华亭陈继儒在这本画谱上题签"四君"，借以标榜君子之清高节操。此后，梅兰竹菊"四君子"之称不胫而走。又有人在四君子之外或援松树、或援水仙、或援奇石，组合配伍而成"五清"或"五友"。直至清代《芥子园画谱》专列兰、竹、梅、菊四谱刊行于世，四君子之说遂渐趋定型并深入人心，传遍神州大地。

虽然梅、兰、竹、菊四君子并称较为晚近，但四者进入中国人的审美视界，成为文人士大夫精神生活向往的高标，却是早已有之，源远流长。"有条有梅"、"其臭如兰"、"绿竹猗猗"、"菊有黄华"，在《诗经》、《尚书》、《周易》等中华元典之中，梅、兰、竹、菊都已经展露了自己的优雅身姿，成为影响中国人几千年人格塑造的重要源头和精神寄托。

感物抒怀，托物言志，这种内敛含蓄的表达方式，是东方审美文化区别于西方审美文化的主要特征之一，并于梅兰竹菊四君子身上得到了充分的体现。在中国传统的精神世界中，讲求天人合一，人与自然和谐共生是一个永恒的话题。不难想象，在以农耕文明为主体的古代中国，对天人关系的探讨和关注顺理成章地持续成为人们思辨的焦点。面对着春夏秋冬四季轮替和春生夏长、秋收冬藏的循环变化，我们的伟大祖先敏感地体悟到了"天行有常"和"物变有度"的道理，并巧妙构建了春兰、夏竹、秋菊、冬梅的对应关系，赋予其丰富的"时间秩序"和"生命意义"内涵。古人通过对这四种植物生长习性和姿貌形态的仔细揣摩与品味，经过内心移情和外植，归纳出了梅高洁傲岸、兰幽雅空灵、竹虚心有节、菊淡雅清贞的显著特征，并将其与人生的修养操守一一建立关联，实现了物言心说的精神世界的表达。在这样的内在的天人对话当中，人生的价值取向有了明确的精神参照系，内心境界得到了洗涤和提升，而梅兰竹菊所共有的"清华其外，淡泊其中"的品格，则成为中国人最为神往的人格追求目标。因此，只有全面了解了梅兰竹菊的文化内涵，才算是真正走进了中国人的内心世界。

感情细腻的中国古人，对自身周边的花草树木，鸟兽虫鱼都赋予了人之于自然的一片真情。而大自然也毫不吝惜，倾其所有，将其最真最美的一面展现在世人面前，并通过像梅兰竹菊这样自然钟萃的精灵，净化人类的内心世界，推动人格塑造，关怀生命意义，升华出人生境界之大美。这种人与自然的和谐永恒，对于当下的人类社会而言，显得尤其具有借鉴意义。由此看来，梅、兰、竹、菊之所以能博得四君子的雅称，决非浪得虚名，而是各具特色，历经中华文明几千年陶冶而形成的。

"凌寒独自开"的梅花按着"时间秩序"最先走进了人们的眼帘。

在新的一年来临之际，天寒地冻，万木萧疏，惟有梅花傲然挺立，繁花满枝，冷香习习，传报春意，因此可以说，梅花既是一年中最后一个季节开放的花，又是一年中率先开放的花。正如南宋著名诗人陆游所言，梅花"寂寞开无主"，不求人前显赫，她也"无意苦争春"，但却"一任群芳妒"，以冬春之交开最终"独天下而春"。这并不是刻意为之，而是顺其自然，浑然天成。梅花凭借自身的嶙峋傲骨，不畏严寒，不争芳妍，静静绽放，其高标独秀的气质，孤清坚贞的品格不禁令人联想起"清雅俊逸"的君子。的确，君子淡泊隐逸，与世无争，不求识赏，坚贞自守，这种理想的人格风范，不正像那"万花敢向雪中出，一树独先天下春"的抖擞傲梅吗？所以，梅与君子一经结合就成为历代文人雅士敬仰推崇的对象。

梅原产于中国，我国植梅赏梅的记载至少已经有三千余年的历史了。从《诗经》中的

"有条有梅"，人们只重果梅而不重花梅，到春秋战国时期"梅始以花闻天下"；从汉代上林苑中梅多异品，到晋朝陆凯折梅传递友情；从南朝刘宋寿阳公主偶扮梅花妆，到隋代赵师雄于罗浮山巧遇梅花仙子；从唐代宋璟咏梅"独步早春"，到北宋林和靖自称"梅妻鹤子"，中国赏梅文化传承不绝，梅花内涵渐趋丰富，梅花特质不断挖掘，终于到南宋时期孕育出了我国也是世界上第一部梅花专著——范成大《梅谱》。

范成大的《梅谱》又称《石湖梅谱》、《范村梅谱》，成书于南宋孝宗淳熙十三年（1186），距今已经有八百余年的历史了。从晚唐至两宋时期，我国民间艺术赏梅迎来了第一个兴盛期，梅花新品种层出不穷，栽培技艺不断提高，以梅为主题的诗词书画作品大量涌现，有关梅花的著作也脱颖而出。比如，周叙《洛阳花木记》、张镃《梅品》、宋伯仁《梅花喜神谱》、释仲仁《华光梅谱》等，范成大的《梅谱》就是在这样的梅文化氛围之中出现的。在上述著作中，《梅花喜神谱》和《华光梅谱》侧重于画梅图谱，《洛阳花木记》和《梅品》又略显单薄且不专精，因而更加突显了《范村梅谱》的地位和影响。范成大晚年致仕后退居故里苏州石湖，仿效林逋而筑构范村，植梅栽菊渐成规模，遂醉心于艺梅赏菊，悠游园圃，怡然自乐。他酷爱梅花，一生以梅为题赋诗一百七十余首，并多方搜求各种梅品，经过仔细观察和辨别，终于选定了十二种梅品，编撰成《梅谱》一卷，为后世艺梅积累了宝贵的精神财富。

当梅香飘至明清时期，人们又借梅花之五瓣赋予其五福之文化寓意，即梅花五瓣象征着快乐、幸福、长寿、顺利与和平。至此梅花一改往日孤傲清逸的形象，以传春报喜的面目进入寻常百姓家，化身为中华民俗文化中的重要一员。喜鹊登梅、竹梅双喜、梅开五福等等，成为中国民间传统吉祥图案的主要内容之一。在这场文化蜕变之中，梅花的高标品格丝毫没有被低估，反而更加展现了君子自甘奉献的凛然大义。这种"零落成泥碾作尘，只有香如故"的境界，恐怕才是真正梅香万年的永恒价值之所在吧！

冬去春来，空谷幽兰迈着"兰之猗猗，扬扬其香"的款款步伐走来。

在梅兰竹菊四君子之中，兰又被特指为"花中君子"，这是因为她一身而具备君子"全德"。比之松、竹、梅岁寒三友，松有叶而少花香，竹有节而少花姿，梅有花而少叶貌，唯独兰于叶、花、香三者兼而有之，且以气清、色清、姿清、韵清这四清饮誉群芳，故而称兰为花中"全德"丝毫无溢美之词。兰花坚贞素洁，不择地而生。她既可长在深山穷谷，远离尘器而不自怨自艾，又可生在堂前庭阶，身居世俗而不沾沾自喜，永远都是亭亭静立，淡洁素雅，可比君子之坚贞操守不为时移，不为世易。"深林不语抱幽贞，赖有微风递远馨。"兰花幽香清雅，甘于寂寞。她不以花姿艳丽取媚于人，不以茎节挺拔著称于世，惟以素淡绵长的清雅之气令人心旷神怡，回味无穷，可比君子之宁静致远，"人不知而不愠"的高尚品德。所以，古人称兰花为君子中之君子，有王者之风，有国士之美，有馨德之香，诚不为过也！

　　"韵而幽，妍而淡"的兰花早就引起了中国古人的倾心和移情。兰花从早期的佑子生育价值，到孔子拔升其当为王者香，从郑穆公因兰而生，到越王勾践种兰渚山，从屈原"滋兰九畹，树蕙百亩"，到刘向"十步之内必有芳兰"；从嵇康"猗猗兰蔼，植彼中原"，到陶渊明"幽兰生前庭，含薰待清风"；从唐太宗李世民"春晖开紫苑，淑景媚兰场"，到李白"孤兰生幽园"，"香气为谁发"，从陈子昂"兰若生春夏，芊蔚何青青"，到陈陶"种兰幽谷底，四远闻馨香"，在这千年的时光流转之中，中国古代文人雅士从来就没有偏离过兰这一主题。虽然汉代之前的兰草与后世的兰花有着天壤之别，魏晋野生兰也与唐代盆栽兰有着较大差异，但是这些瑕疵丝毫不影响人们对兰之君子形象的热烈倾慕与追捧。这股热情延续到两宋时期，爱兰者将"致兰得子"、"秉兰祓 (fú) 邪"、"纫兰为饰"、"喻兰明德"的兰文化内涵发掘得淋漓尽致，终于形成了自上而下全社会的赏兰高潮。在这样的艺兰大背景之下，具有总结性质的兰花专著《兰谱》应运而生了。

　　南宋理宗绍定六年 (1233)，宋室宗族赵时庚撰写出《金漳兰谱》，成为我国也是世界上第一部兰花专著，谱中共记载了三十二种兰花。十四年之后，也就是在宋理宗淳祐七年 (1247)，漳州龙溪人王贵学又在前人的基础上撰写成《王氏兰谱》，详细记载了五十个兰花品种，兼及介绍了兰花定品的原则、分拆栽培的方法和施肥浇水的技巧，将宋人对兰花的研究推向了一个新的高峰。此外，两宋时期出现的涉及栽培兰花的著作还有陈景沂《全芳备祖》、托名赵时庚的《兰谱奥法》、吴怿《种艺必用》、李愿中《艺兰月令》等。相比较而言，《王氏兰谱》在有宋艺兰诸书中最受人推崇，"较赵氏《金漳兰谱》更可贵"，明代王世贞亦云"兰谱惟宋王进叔本为最善"，可见其影响既深且远。因此，本书整理《王氏兰谱》将再一次把人们引入到苏轼所云"春兰如美人"的宋代艺兰世界之中。

"瞻彼淇奥，绿竹猗猗"，吹过猗猗绿竹林的薰薰夏风，裹挟着君子的谦逊潇洒之气姗姗而来。

竹子修长挺拔，拂云冲霄，有玉立风尘之表；竹子疏畅洒落，翩翩飘飘，有羽仪鸾凤之姿；竹子苍翠葱葱，四时不易，有坚韧永恒之志；竹子下实上虚，中通外直，有君子表里如一、虚心见性之操，故而在中国传统文化语境中，竹既是刚直不阿，高风亮节的代言人，又是谦虚淡泊，潇洒俊逸的化身，博得了"此君"、"万玉"、"管若虚"、"清虚居士"等嘉称令名。

自古以来竹子的直节虚心就受到历代谦谦君子的比附和思慕。唐代大诗人白居易在《养竹记》中，从"本固"、"性直"、"心空"、"节贞"四个方面，对竹之于君子的高尚品德进行了归纳。他说："竹本固，固以树德，君子见其本，则思善建不拔者。竹性直，直以立身，君子见其性，则思中立不倚者。竹心空，空以体道，君子见其心，则思应用虚受者。竹节贞，贞以立志，君子见其节，则思砥砺名行，夷险一致者。"正因为竹子具有志坚、正直、虚心、贞节这四种品德，所以古代文人士大夫多植竹于庭，日与相伴，引竹为友。竹子不仅有四德，还具有刚、柔、忠、义、谦、常六品。唐代诗人刘岩夫在《植竹记》中云："原夫劲本坚节，不受雪霜，刚也。绿叶萋萋，翠筠浮浮，柔也。虚心而直，无所隐蔽，忠也。不孤根以挺耸，必相依以林秀，义也。虽春阳气王，终不与众木斗荣，谦也。四时一贯，荣衰不殊，常也。"此六品乐贤进德，依竹而生，为君而明，因而君子酷爱比德于竹，以竹为师焉。

不唯如此，身兼四德六品的翠竹并非只是道德楷模的标杆，它还与人类的生产和生活休戚与共，息息相关。刘岩夫曾经对竹子的功用精辟地总结道：竹之"及乎将用，则裂为简牍，于是写诗书彖（tuàn）象之辞，留示百代。微则圣哲之道，坠地而不闻矣，故后人又何所宗欤？至若镞而箭之，插羽而飞，可以征不庭，可以除民害。此文武之兼用也。又划而破之为簨席，敷之于宗庙，可以展孝敬。截而穴之，为篪为箫，为笙为簧，吹之成虞韶，可以和人神。此礼乐之并行也"。有了竹子制成的简牍，人们就可以记载和传播文化知识，并传之子孙后代发扬光大。如果没有竹子，那么先贤的精微大道早就湮没无闻，毁之殆尽，后人又到哪里去宗奉文化源头呢？在战场之上，竹制弓箭又可以征讨邪恶，保境安民，为众除害，成为伸张正义的重要利器之一。另外，竹子制成的簨席可以用于宗庙，展示孝敬，教化天下；竹子制成的乐器可以奏之朝堂，闻于乡里，调节内心，协和秩序，成就了五千年中华礼乐文明之邦。倘若嫌此为其大，那么再来观其小，箱箧筐篓，笊箸筍筛，簟席帘挂，篙竿舟筏，衣之有竹布，食之有竹笋，写之有竹管，书之有竹纸，凡此等等，不胜枚举，可以说在人们的日常生活中时时处处都可以看到竹的身影。

千百年来，竹子的形象和品德早已深入到中国人的内心世界之中。东晋王子猷感叹："何可一日无此君！"吐露出自己一天也离不开清竹君子的真挚感情。北宋大文豪苏东坡说："宁可食无肉，不可居无竹。无肉令人瘦，无竹令人俗。人瘦尚可肥，士俗不可医。"他以质朴直白的心灵感悟，呼唤那似竹般清白高雅世风的到来。在深厚的中华竹文化涵养之下，到南朝刘宋时期，戴凯之率先撰成《竹谱》一卷，以飨天下爱竹者，并成为世界上最早的竹类专著，称誉海内外。戴凯之的《竹谱》以四言韵语记载竹子种类，其下自为之详注其细目，文辞古雅，读之成诵，可以说既是一部优秀的竹子分类专著，又是一部优美的六朝韵文佳作。戴氏《竹谱》产生后，对后世叙竹著作产生了深远的影响。北魏贾思勰《齐民要术》，北宋释赞宁《笋谱》，元代刘美之《续竹谱》、李衎《竹谱详录》，明代王象晋《群芳谱》，清代《广群芳谱》等诸书中都能够看到戴凯之《竹谱》的笔蕴，可谓泽被后世，惠及无穷。今之整理再现戴凯之《竹谱》全貌，乃希望竹之挺拔有节，竹之虚怀若谷，中华竹文化的博大精神能够传之久远，永世其光。

"采菊东篱下,悠然见南山。"菊花犹如一位淡泊而乐观的隐者,从秋高气爽中飘然而至。

在梅、兰、竹、菊四君子之中,菊以淡泊著称。当百花争艳的时候,菊花并不浮躁,恬淡自如,不为外物迁。正如宋元之际的著名诗人和画家郑思肖所云:"花开不并百花丛,独立疏篱趣未穷。"这种淡如的品质恰好契合了君子洁身自好,志向难移和定力如磐的情操。菊花又以斗霜傲雪,凌寒不凋而称名。当众芳零落的时候,菊花却不消沉,静静开放,"卓为霜下杰"。郑思肖曾有一名句赞美菊花的铮铮傲骨:"宁可枝头抱香死,何曾吹落北风中。"从此以后,"宁可枝头抱香死"遂成为菊花凌霜不屈精神的最佳写照。在世人心目中,菊花淡泊以明志,凌霜以固心,她岁寒不折,傲立风中,独自盛开,达观自乐,永远都在挺立着高昂的头,舒展着俊雅的神姿。这与隐逸名士百折不挠,遗世特立,志节孤高,不改其乐的高尚情操配合得天衣无缝,浑然一体,故而自晋陶渊明独爱菊之后,菊花遂得"花中隐士"之令名。

"不是花中偏爱菊,此花开尽更无花。"然而这只是菊花"出世不折"的一重品格。菊花还有保健轻身,延年益寿,赈济充饥之功效,其药用价值和食用价值又与奋发有为、济世救民的君子之道相吻合,从而更加引发了古代儒家知识分子对菊花的追捧和比附。两者可谓志趣相投,天赐知音,此乃菊花"入世积极"的另一重品格。

菊花养生的功效也较早受到诗人骚客的关注。屈原在《离骚》中有"朝饮木兰之坠露兮,夕餐秋菊之落英"的佳句。到了曹魏时代,曹丕非常喜食菊花养生,他在《与钟繇九日送菊书》中谈到:"故屈平悲冉冉之将老,思餐秋菊之落英,辅体延年,莫斯之贵。请奉一束,以助彭祖之术。"他把菊花看作延年益寿的最佳良药,希望能像屈原那样餐菊防老,像彭祖那样长生不老。北宋大文豪苏东坡也曾经宣称:"吾以杞为粮,以菊为糗(qiǔ,干粮),春食苗,夏食叶,秋食花实而冬食根,庶几乎西河南阳之寿。"也是期望通过食用杞菊来达到长命不衰。北宋诗人欧阳修也有诗云:"共坐栏边日欲斜,更将金蕊泛流霞。欲知却老延龄药,百草枯时始见花。"全诗未见一"菊"字,但却将菊花独立寒秋,养生延龄之志趣描述殆尽。

菊花一身而兼具二品的性格历来受到文人墨客的赞颂。菊花不争芳艳，不媚世俗，恬淡自然，又能惠民济民，这种"出世不折"与"入世积极"的双重品格，将"穷则独善其身，达则兼济天下"的儒家精神诠释得酣畅淋漓。其坚贞淡泊，豁达乐观的节操最为中国儒家知识分子所雅重。因此，与其称菊花为"花中隐士"，莫若誉为"儒花"更为贴切也！

两宋时期中国全面走向内在，儒家士大夫的精神境界也提升到新的高标。当此之时，宋人自然不会忽视对修身养性大有裨益的菊花，不仅赏梅、赏兰、赏竹相继出现了高潮，艺菊赏菊也迎来了一个全新的局面。随之而来，菊花专著也大量出现。北宋徽宗崇宁三年（1104），刘蒙撰写出第一部《菊谱》，亦称《刘氏菊谱》或《刘蒙菊谱》，此后至南宋末年，共有八部菊花专著相继问世。比如，史正志《史氏菊谱》、范成大《范村菊谱》、史铸《百菊集谱》等。其中，范成大的《范村菊谱》记载了苏州地区的三十六个菊花品种，能起到与其他菊谱互为参照的作用。可惜的是，两宋菊谱中，胡融、沈竞、马楫、文保雍的菊谱已经佚失不传，因而整理范成大的《范村菊谱》就显得特别具有意义。

梅兰竹菊四君子，傲幽坚淡难述清。君当如梅，傲视霜雪，坚贞不屈；君当如兰，幽香清雅，宁静致远；君当如竹，坚韧有节，虚怀若谷；君当如菊，淡泊明志，兼济天下。面对有着几千年积淀的中华梅兰竹菊四君子文化，仅以梅傲、兰幽、竹坚、菊淡来指称是远远不够的。我们希望借着梅兰竹菊四谱的整理出版，唤起世人对祖国宝贵传统文化的重视和热爱，弘扬"清华其表，淡泊其中"的梅兰竹菊真精神，人人争而当君子，使君子之精神与日月同光。

本书在整理点校的过程中遵循以下原则：

一是以现存最早的刊本为底本，以后世较好的刊本或点校本为参本。即戴凯之《竹谱》、范成大《梅谱》和《菊谱》皆以宋刻咸淳左圭《百川学海》本为底本，王贵学《王氏兰谱》以宛委山堂《说郛》本为底本；

二是底本缺文之处，以"□"符号标出；

三是诸谱内容编排皆按解题、原文、注释、译文、点评等五部分排列，段落划分保留底本原貌，对于资料甚少的条目不强行臆测点评；

四是部分注释内容参考了《辞源》、《汉语大字典》、《中国历史地名大辞典》及《四库全书总目提要》等工具书；

五是存疑之处，皆以"杨按"按语形式注明。

全书内容的分工是：《梅谱》的校、注、译、评主要由吴琴峰完成，杨林坤负责部分标点和点评；《王氏兰谱》的"序"、"品第之等"、"灌溉之候"、"白兰"部分由吴琴峰完成，"分拆之法"、"泥沙之宜"、"紫兰"部分由殷亚波完成，杨林坤撰写部分注释和点评；《竹谱》和《范村菊谱》二谱的校、注、译、评由杨林坤完成。殷亚波负责全书的资料收集工作，杨林坤负责全书统稿。

由于我们的知识和水平所限，书中还存在许多问题，特此请方家不吝赐教！本书在整理和写作的过程中，得到了中华书局张彩梅副编审、王水涣编辑和其他工作人员的大力支持，在此一并表示衷心感谢！

本书结稿之时，校园中榆叶梅绚丽盛开，窗外春雨淅沥，正值谷雨时节。古人云，谷雨之时"萍始生，鸣鸠拂其羽，戴胜降于桑"，今之有喜鹊落于窗前青槐之上，喳鸣三声而去。谨志之。

杨林坤

于兰州大学萃英门

二○一○年庚寅谷雨诞日

目 录

梅兰竹菊谱

梅谱

[南宋]范成大

　　《梅谱》一卷，南宋范成大撰。范成大（1126—1193），苏州吴县（今江苏苏州）人，字致能，号石湖居士，南宋著名诗人。宋高宗绍兴二十四年（1154）中进士，初授户曹。孝宗初，知处州，修复通济堰，民得灌溉之利。乾道六年（1170），以起居郎、假资政殿大学士奉使赴金，慷慨抗节，不畏强暴，几被杀，不辱使命而归。后历任广西安抚使、四川制置使，皆有政声。淳熙五年（1178），官至参知政事，旋罢归乡里，退居石湖。卒谥文穆。

　　范氏《梅谱》又称《石湖梅谱》、《范村梅谱》，成书于南宋孝宗淳熙十三年（1186），距今已经有八百余年的历史了，这是我国也是世界上第一部梅花专著。《梅谱》中收录了江梅、早梅、钱塘湖早梅、消梅、重叶梅、绿萼梅、绛边绿萼梅、百叶缃梅、红梅、骨里红梅、鸳鸯梅、杏梅等十二个梅花品种，而官城梅、古梅和蜡梅则不属于梅种。

　　本书以宋刻咸淳左圭《百川学海》本为底本，宛委山堂《说郛》本和中华书局标点本为参本，整理校点之。

序

梅，天下尤物①，无问智贤、愚不肖②，莫敢有异议。学圃之士，必先种梅，且不厌多③，他花有无多少，皆不系重轻。余于石湖玉雪坡④，既有梅数百本⑤，比年又于舍南买王氏僦舍七十楹⑥，尽拆除之，治为范村，以其地三分之一与梅。吴下栽梅特盛⑦，其品不一，今始尽得之，随所得为之谱，以遗好事者。

【注释】

①尤物：珍贵的物品，最美好的事物。

②不肖：不才，不正派，品行不正。

③厌：满足。

④石湖玉雪坡：石湖，离苏州城西南十八里。相传春秋时，范蠡带了西施从石湖泛舟入太湖。范成大在其旁建有著名的石湖别墅，内有玉雪坡、千岩观等名胜。南宋时期，石湖玉雪坡、范村和杭州张镃（zī）的玉照堂同为栽种梅花规模较大、声名较著的园林。

⑤本：量词。指草木的株、棵、丛、撮或书籍的簿册。

⑥比年：近年。僦（jiù）舍：租赁的房屋。楹（yíng）：本是堂屋前面的柱子，又指两柱之间的距离。后为计算房屋间数的量词，一间为一楹。

⑦吴：先秦国名。姬姓，始祖是周太王之子太伯、仲雍。初居江南梅里（今江苏无锡东南），后迁都吴（今江苏苏州）。吴下，指苏州地区。

【译文】

梅花是天下公认最美好的事物，无论聪慧贤明，还是愚笨不才的人，都不会对此抱有不同的看法。学习园林圃艺之人，一定得先学会种植梅花，而且数量不厌其多，其他花卉有无栽种和数量多少，反而显得无足轻重了。我在石湖玉雪坡已种有数百株梅花，近年来又在房子

费丹旭《罗浮梦景图》

南边买了王氏用来租赁的房屋七十间，将它们全部拆除，修整为"范村"，并把三分之一的地方拿来种梅。苏州地区栽种梅花十分兴盛，品种也形形色色，这次才搜集齐全。我根据搜集所得撰写了这部梅花专谱，留给爱好园艺和赏梅的人浏览。

【点评】

范成大开篇即以"梅，天下尤物"点题，胸臆间对梅之喜爱溢于言表。宋人张镃（字功甫）曾于《梅品》中赞誉"梅花为天下神奇"，过于直白，未有范氏那般款款深情。接下来行文连用"无问"、"莫敢"、"必先"、"不厌多"、"皆不系重轻"等词语，从多方面展现当时世人艺梅赏梅之风的鼎盛。而范成大之所以盛赞梅为天下尤物，除个人情感因素外，实与宋代梅花渐受文人雅重和取得百花至尊地位有莫大关系。

北宋时，园林圃艺虽然十分兴盛，但造景以牡丹、松竹为多。直至北宋后期，梅花才逐渐受到重视。宋室南迁后，随着政治经济文化重心的南移，"独向江南发"的梅花才有更多机会受到士大夫的青睐，文化地位逐渐得以抬升。至范成大写作《梅谱》之时，社会上已经形成栽梅赏梅的热潮，甚至出现了"呆女痴儿总爱梅，道人衲（nà，僧衣）子亦争栽"的局面。

梅花获此"百花至尊"称谓，不仅仅是因为其在园林构景中的"一统天下"，更在于梅花兼具足以比德君子的风范和情操。

进至两宋，林逋以梅花"寒芳独开"、"傲峭独妍"之特性，比拟处士的孤芳自赏、凌轹（lì，轧）人世的高尚情操，开启了将梅花人格化，赋予其道德象征的审美进程。从此以后，人们竞相讴歌梅的精神格调，使其人格形象日渐丰满，文化内涵愈益丰富和突显起来，也就出现了超凌百花之态势。

南宋时期，梅花受到文人雅士青睐，地位日隆。"上有所好，下必甚焉"，精英阶层的偏爱和推广，使得全社会对梅花都趋之若鹜，出现如范成大所言"无问智贤、愚不肖，莫敢有异议"的情形也就不足为奇了。

范氏在谱中还说自己将苏州一带梅的品种全部搜集齐了。那么，当时江苏地区究竟有多少种梅花呢？据范氏自己在《吴郡志》里说："得而植于范村者十二种。"后据"梅花院士"陈俊愉先生考证，"官城梅"的称呼太笼统，不能算是一个固定品种，而古梅是梅树的年老形态，自然也不能算是新品种。因此，《梅谱》实际上只记载了十个栽培品种（另附二亚种）。无论如何，《梅谱》是中国乃至世界上第一部有关梅的专著，因年代久远，当时人对梅花认识不周全和分类不专业也是在情理之中的。

梅　谱

江梅。遗核野生，不经栽接者①。又名直脚梅，或谓之野梅。凡山间水滨②，荒寒清绝之趣③，皆此本也。花稍小而疏瘦有韵④，香最清，实小而硬。

【注释】

①栽接：栽培，嫁接。

②滨：水边。

③趣(qù)：意向，旨意。文中指喜好在山间水滨、荒寒清绝之地生长的意思。

④韵：韵味，姿韵。疏瘦：消瘦，清瘦之意。如南宋陆游《齐天乐·三荣人日游龙洞作》词："漫禁得梅花，伴人疏瘦。"

【译文】

江梅，是遗留种核落地自然生长，没有经过嫁接和栽培的品种。又叫做直脚梅，有的称其为野梅。大凡在山谷间水溪边，荒凉清幽地方开放的，都是这种梅花。花朵稍小但清瘦而有姿韵，芳香最是清雅，果实小而坚硬。

【点评】

范氏在谱中首叙江梅，大概是因为该品种历史悠久，是梅花品种中较为原始的栽培类型，并且分布广泛，繁殖力强，于山堑水滨、林间道旁都能落地生长。晚唐诗人罗邺《梅花》一诗即是江梅生长旺盛的真实写照："繁如瑞雪压枝开，越岭吴溪免用栽。却是五侯家未识，春风不放过江来。""免用栽"一语道破了江梅不需人工照料，喜于自然生长的习性。

真正将江梅作为一个单独品种是在入宋之后，人们根据花形、果实等特征，将江梅从众多梅花中区别开来。如北宋诗人梅尧臣有"浅红欺醉粉，肯信有江梅"之句，辨别了江梅的花呈粉色这一特征。范成大在文中对此品种进行了专业区分："花稍小而疏瘦有韵，香最清，实小而硬。"由于江梅是由果梅（蔷薇科李属植物，亦称青梅、梅子、酸梅）分化而来，因此很多江梅品种仍保留着结果的习性。

"香最清"恰如其分地点出了梅花之所以受到无数文人墨客垂青的重要品性。试想，隆冬雪积，"万物冻欲折"之时，忽然在满目的肃杀气氛中闻见一缕清雅之气，随后驻足观赏，竟睹单调白色中丌出一抹粉艳的梅花，那该是多么欣喜的心情啊！故而诗人骚客赋梅时多着眼于此缕清香，如"梅须逊雪三分白，雪却输梅一段香"、"幽香淡淡影疏疏"、"暗香浮动月黄昏"等等。"幽"、"暗"两字恰是传神般地营造了梅花香气的清雅高洁意境。后人更将此缕清香与其"凌寒独自开"的品性相融合，逐渐演绎出梅花清高耿介的品格。清人查礼夸赞梅为"卉之清介者也"，世人还把梅花看作"花中御史"，进而"牧民者操持，岂可有愧于梅乎"。

将梅花作为官吏追求清贞廉洁，自持操守的榜样，这是对梅花文化内涵多么生动且至高的赞誉啊！

　　早梅。花胜直脚梅。吴中春晚^①，二月始烂熳^②，独此品于冬至前已开，故得早名。钱塘湖上亦有一种，尤开早。余尝重阳日亲折之，有"横枝对菊开"之句。行都卖花者争先为奇^③，冬初折未开枝置浴室中，薰蒸令拆^④，强名早梅，终琐碎无香。余顷守桂林^⑤，立春梅已过，元夕则尝青子^⑥，皆非风土之正。杜子美诗云^⑦："梅蕊腊前破，梅花年后多。"惟冬春之交，正是花时耳。

【注释】

　　①吴中：一般指以吴县为中心的苏州府所领州县，即今天的苏州南部一带。

　　②烂熳（màn）：同"烂漫"，绚丽多彩。

　　③行都：古代在京都之外另设一个都城，以备必要时朝廷暂住。文中行都指杭州。宋高宗南渡后，于建炎三年（1129）升杭州为临安府，作为南宋行在。绍兴八年（1138）正式定都临安府。此后，杭州城"为行都二百余年"。

梅花图

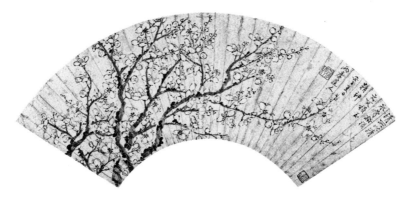

梅花图

④薰(xūn)蒸：热气蒸腾。拆：裂开，绽开。

⑤余顷守桂林：宋孝宗乾道九年（1173），范成大出知静江府（今广西桂林）兼广南西路经略安抚使，在桂林任官凡四年。

⑥元夕：元宵节。尝：辨味，品尝。

⑦杜子美：即唐代诗人杜甫（712—770），字子美，自号少陵野老，河南巩县（今河南巩义）人，世称"杜少陵"、"杜工部"，被后人誉为"诗圣"。

【译文】

　　早梅的花要胜过直脚梅。苏州一带春天来得晚，到二月春花才开始绚丽多彩，唯有该品种梅花在冬至前就已绽放，因此得名"早梅"。钱塘湖上也有一种早梅，开花特别早，我曾经在重阳节那天亲手采摘，并赋有"横枝对菊开"的诗句。杭州的卖花人争相以先得早梅为奇，刚入冬便折下还没开放的枝条，放在洗澡的内室，用热气蒸腾，催它开花，强行称作早梅，但终归细小而无香味。我不久前出任桂林地方官时，当地立春时梅花就已经开败，元宵节时则品尝梅子，这些都不能算是正常风土下梅花的花期。杜甫的诗中写道："梅蕊腊前破，梅花年后多。"这是说梅花的骨朵在腊月前开苞，年节过后花越开越多。只有冬春交替之际，方才是梅花绽开的时节。

【点评】

范成大能写就我国历史上第一部艺梅专著《梅谱》，与宋代是我国古代艺梅的兴盛时期不无关系。早梅之称于六朝时即已普遍，时人不乏以早梅名诗题赋，比如南朝梁时期何逊的《咏早梅诗》，梁陈之间徐陵的《早梅诗》等，但都不是专指早梅品种。到宋朝时梅花花色品种显著增多，而早梅即为宋人特意培育的一个品种，因此早梅能够成为《梅谱》所著录十二品种梅花之一。

谱中对早梅的介绍突出在一个"早"上，指出其得名与花的节令特征密切相关。"春为一岁首，梅占百花魁"，梅花于严寒时节先于他花绽放，其最先启春的特性历来为文人所看重，文中范成大对早梅的喜爱更是溢于言表，不仅以一"独"字称其早，又搜罗出钱塘早梅于重阳与菊花争芳的例子，叹其"尤开早"。范氏还别出心裁的从侧面描写早梅开花早的特征，即卖花者对早梅的商机利用，通过热气蒸腾强使梅枝早开花，居为奇货。此投机行为造成所谓的早梅"琐碎无香"，这种描写与李格非在《洛阳名园记》中直叙早梅"香甚烈而大"的方式正好不同，通过鲜活的事例从反面交代了早梅的特性，令人印象深刻。另外，由卖花人催梅早开的事例还可窥见当时赏梅的鼎盛，正所谓人有所好，市有所供，与范氏在序中所说"梅，天下尤物，无问智贤、愚不肖，莫敢有异议"遥相呼应。

官城梅。吴下圃人以直脚梅择他本花肥实美者接之，花遂敷腴^①，实亦佳，可入煎造^②。唐人所称官梅，止谓在官府园圃中，非此官城梅也。

【注释】

①敷腴(yú)：神采焕发的样子，后渐引用为形容花朵茂盛肥大。宋朝释永颐《野棠花》里有"绿攒深棘欲自蔽，千朵万朵争敷腴"之句。

②煎造：煎熬加工。

梅花图

【译文】

官城梅，是由江苏一带的园艺花匠用直脚梅作砧（zhēn）木（嫁接繁殖时承受接穗的植株，可以是整株，也可以是株体的根段或枝段），再选取花朵肥大、果实甘美的品种嫁接而成的，因此官城梅的花朵盛大，果实也佳，可以煎水熬汤，加工利用。唐代人所说的官梅，仅是指栽种在官府园林花圃中的梅花，并不是这里所说的官城梅。

【点评】

选取实生梅（梅种子播种后生长的苗）作砧木，在生长健壮的梅树上嫁接，能大大缩短梅花开花时间，是当今繁殖梅花的重要途径。而我国第一部艺梅专著《梅谱》对此法的记载说明宋时梅的嫁接已经非常盛行。官城梅便是当时嫁接品种的代表。谱中记载了花匠以直脚梅作砧木，在其上嫁接花朵繁茂果实肥大的梅花品种。由于选取的实生梅亲和力强，故容易成活，且这种方法易于保留嫁接品种的优良特性，因此官城梅能够"花遂敷腴，实亦佳"。

陈俊愉院士认为官城梅并不是梅花的单独品种："官城梅是花肥实美嫁接繁殖后栽种品种的通称，因其性状不明确，太笼统，所以不能算作一个固定品种，只能当成花果兼用品种的通称。"

消梅。花与江梅、官城梅相似。其实圆小松脆，多液无滓①。多液则不耐日干，故不入煎造，亦不宜熟，惟堪青啖②。北梨亦有一种轻松者，名消梨③，与此同意。

月下赏梅图

【注释】

①滓（zǐ）：沉淀的杂质，渣子。

②啖（dàn）：吃。

③消梨：梨的一种，又称作"香水梨"、"含消梨"。体大、形圆，可以入药。如李时珍《本草纲目》卷三〇："消梨即香水梨也。俱为上品，可以治病。"

【译文】

消梅的花与江梅、官城梅的花相似。它的果实形圆，小而酥脆，多汁液没有渣滓。汁液较多则不耐晒干，因此不用于煎熬加工，也不宜煮熟食用，只能够新鲜生食。北方的梨中也有一种果大而质地松脆的，名叫消梨，取意与此相同。

【点评】

关于消梅的栽培历史，有学者根据北宋理学家邵雍写有《东轩消梅初开劝客酒二首》一诗，推测"其洛阳宅园安乐窝有此品种，时间至迟在神宗熙宁年间（1068—1077）"。另据宋人王立之在其《王直方诗话》中所言："消梅，京师有之，不以为贵；因余摘遗山谷，山谷作数绝，遂名振于长安。"可知消梅是在哲宗元祐年间（1086—1093）闻名汴京的。

谱中言消梅的花与江梅、官城梅的花相似。但据此前的记载，江梅"花稍小而疏瘦有韵"，官城梅"花遂敷腴"，在花的大小和花形上迥然不同。既然说消梅的花与两者相似，当别有蹊跷。由于江梅和官城梅都归为白梅一类，在颜色上三者应该有共同之处。南宋诗人曾几在《消梅花》中有"花肌自是冰和雪"之句，除了赞美消梅冰清玉洁之外，也有着眼于其颜色之意。

古梅。会稽最多①，四明、吴兴亦间有之②。其枝樛曲万状③，苍藓鳞皴④，封满花身⑤。又有苔须垂于枝间，或长数寸，风至，绿丝飘飘可玩。初谓古木久历风日致然。详考会稽所产，虽小株亦有苔痕，盖别是一种，非必古木。余尝从会稽移植十本，一年后花虽盛发，苔皆剥落殆尽。其自湖之武康所得者⑥，即不变移。风土不相宜，会稽隔一江，湖、苏接壤，故土宜或异同也。凡古梅多苔者，封固花叶之眼，惟罅隙间始能发花⑦。花虽稀，而气之所钟⑧，丰腴妙绝⑨。苔剥落者则花发仍多，与常梅同。去成都二十里有卧梅，偃蹇十余丈⑩，相传唐物也，谓之梅龙，好事者载酒游之。清江酒家有大梅如数间屋，傍枝四垂，周遭可罗坐数十人。任子盐运使买得，作凌风阁临之⑪，因遂进筑大圃，谓之"盘园"。余生平所见梅之奇古者，惟此两处为冠。随笔记之，附古梅后。

【注释】

①会稽：公元前222年，秦始皇把以前春秋时期的吴国、越国的地域设为会稽郡。后来狭义的会稽特指浙江绍兴一带。

②四明：在今浙江宁波，宁波西南有四明山。吴兴：郡名。三国吴宝鼎元年（266）置，治所在今浙江湖州吴兴区南。

③樛（jiū）曲：曲折，弯曲。樛，指向下弯曲的树木。

④苍藓：苍青色的苔藓。藓，苔藓植物的一纲，植物茎和叶小，绿色，常生在阴湿地方。鳞皴（cūn）：像鳞片一般的皱痕。

⑤封：密闭，使与外界隔绝。

⑥武康：在浙江西北部。东汉置永安，晋改永康，寻改武康。1958年撤销，并入德清。

⑦罅（xià）隙：裂缝，缝隙。

⑧钟：凝聚，集中。如成语"钟灵毓秀"即指凝聚了天地间的灵气，孕育着优秀的人物。

⑨丰腴：本指人体态丰满，文中形容花朵丰肥。

⑩偃蹇（yǎn jiǎn）：高耸之意。

⑪临：靠近，挨着。

许容待蠢将舒折
山亭衔寒欲放梅
荣頹荄直小志
就日字 戌亥 巽

梅柳待腊图

【译文】

古梅，以会稽地区最多，四明、吴兴也偶有分布。古梅的枝干弯曲虬盘，峥嵘多变，苍青色的苔藓有如鳞片一般密密麻麻地贴满梅树的全身。又有一些苔须在枝间垂下，有的可长达数寸，当轻风摇曳，绿丝飘拂，十分有趣。刚开始以为古树久经风吹日晒才导致如此，待详细研究了会稽所产的古梅后，方知道即便是幼龄小株也有苔痕，应该是独特的一个品种，不一定是生长年久才会这样。我曾经从会稽移种了十株，一年后花虽然开得很繁盛，但苔藓都剥落得差不多光了。那些从湖州武康移植过来的，就不会变。换了地域就不相适应了，会稽与此隔了一江，而湖州和苏州是接壤的，因此在土质方面可能存在着差异啊。大凡多苔藓的古梅，花叶的气孔被封死，只在苔隙间才能发花，花朵虽然稀少，但都是灵气聚集的产物，因此开的花茂盛且美央绝伦。那些苔藓剥落多的则开的花也多，与一般的梅花相同。距成都二十里，有一棵卧梅，高耸十余丈，传说是唐代的古物，号称梅龙，喜好风雅者常带着酒前去游赏。清江酒家的一棵大梅树，有几间房屋般庞大，侧枝四处垂笼，周围可以环坐几十个人。任姓盐运使买下它后，在其旁建造了临风阁。随后更筑了座大花园，称为"盘园"。我平生所见过的梅花中，最奇绝苍古的就要属这两处了，随笔记下，附在"古梅"后。

【点评】

虽都归在"古梅"条下，但范成大所记实则为两种形态的梅花，其中用大篇幅来描述的是苔梅，而后面所附的成都卧梅和清江盘园梅才是真正的古梅。

南宋周密的著名笔记《武林旧事》中记载，宋高宗赵构品梅时曾说"苔梅有二种，一种出张公洞者，苔藓甚厚，花极香；一种出越上，苔如绿丝长尺余"，已将苔梅的两种生长形态叙述殆尽，谱中所记亦不出这两种范围。范成大对于苔梅颇为喜爱，极写垂丝之梅在微风摇曳下飘拂之美态，又以"苍藓鳞皱"尽绘满布苔藓之梅的表征。他刚开始以为苔梅是"古木久历风日致然"，但在细心考证之后，发现树龄幼小的小株梅花也长有苔藓，这才认识到可能是新的品种。在今天看来，苔梅也并非新品种，只是由于会稽等地地气湿溽，易生苔藓，才导致梅花全身长满苔藓。当然，对于古人不宜苛全责备，范氏在"科学"考察后有此认识已属不易了。

从分类来讲，古梅是一般梅花的老树形态，不能算作一个品种。梅为长寿树种，可达千龄。如杭州超山原有二十株古梅，初由苏轼于1056年亲手种植，至最后一株于1933年枯死，树龄长达八百七十七年。而现存最老的"寿星梅"当属云南昆明温泉曹溪寺的元梅，已有七百多年的高龄，仍每年开粉红色复瓣花并结果。

重叶梅。花头甚丰①，叶重数层，盛开如小白莲，梅中之奇品。花房独出，而结实多双，尤为瑰异②。极梅之变③，化工无余巧矣④，近年方见之。蜀海棠有重叶者，名莲花海棠，为天下第一，可与此梅作对。

【注释】

①花头：花朵之意。如北宋刘蒙《菊谱·夏金铃》："夏金铃出西京，开以六月，深黄，千叶……而花头瘦小，不甚鲜茂。"

②瑰（guī）异：珍异，奇异。

③极：穷尽，达到顶点。

④工：细致，精巧。

【译文】

重叶梅，花朵十分繁盛，花瓣可以重叠好几层，盛开时如同小白莲，真是梅花中的珍品啊。花朵虽单一但结果却多成双，尤其瑰丽珍奇。重叶梅极尽了梅花花瓣的变化，造化极致，再没有比它更妙的了。可惜近年才得以见到。蜀中的海棠有重瓣的，称为"莲花海棠"，是天下第一的海棠品种，它可以与重叶梅相媲美啊。

【点评】

重叶梅属于梅花分类中的玉碟型，而玉碟型梅的特征为：花白色，花蝶形，复瓣或重瓣，萼绛紫色或略带绿底。重叶梅的这些自然特征非常明显。重叶梅又是重瓣花，即通过雄蕊或雌蕊的瓣化出现大量重复花瓣，形成重瓣花冠。谱中指其"叶重数层"，那么究竟有多少瓣

呢? 不妨先来了解下梅花品种上的单瓣、复瓣、重瓣之分。据一些专家观察, 梅花花瓣单瓣数为五瓣或五至七瓣, 复瓣在九至十四瓣, 重瓣则在十五瓣以上。因此, 重叶梅的花瓣数应该在十五瓣以上。也正因为有如此多的花瓣, 才使得重叶梅能够在花形上进行繁富多变的组合, 不仅层次感明显, 而且有婀娜多姿的整体美感, 故而博得了范成大 "极梅之变, 化工无余巧矣" 的夸赞。作者紧接着叙以 "近年方见之", 一 "方" 字似轻实重地点出自己对重叶梅已寻求多年, 相见恨晚之情跃然纸上。

文末范氏又附比以莲花海棠, 据范成大《吴郡志》所载: "莲花海棠, 花中之尤也。凡海棠虽艳丽, 然皆单叶, 独蜀都所产重叶, 丰腴如小莲花。成大自蜀东归, 以瓦盆漫移数株置船尾……" 可见, 范氏认为重叶梅和莲花海棠两者能够作对, 正是由于它们在 "重叶" 和 "盛开如小白莲" 等方面的相似性, 亦可见范石湖阅历丰富, 识物众多, 对于观赏培植奇异花卉有着广泛兴趣。

绿萼梅。凡梅花跗蒂[①], 皆绛紫色[②], 惟此纯绿[③], 枝梗亦青[④], 特为清高。好事者比之九疑仙人萼绿华[⑤]。京师艮岳有萼绿华堂[⑥], 其下专植此本, 人间亦不多有, 为时所贵重。吴下又有一种, 萼亦微绿, 四边犹浅绛, 亦自难得。

【注释】

①跗(fū)蒂: 文中指花萼。跗, 花萼, 如南朝齐沈约

万上遴《梅花图》

17

梅
谱

梅鹤图

《郊居赋》:"衔素蕊于青跗。"跗,花或瓜果与枝茎相连的部分。

②绛(jiàng)紫:紫中略带红的颜色。

③纯:专一不杂。

④梗(gěng):某些植物的枝或茎。

⑤萼绿华:道教传说中的仙姑。典出陶弘景《真诰·运象》:"愕(è)绿华者,自云是南山人,不知是何山也。女子年可二十上下,青衣,颜色绝整……访问此人,云是九疑山中得道女罗郁也。"

⑥艮(gèn)岳:北宋著名宫苑,初名万岁山,后改名艮岳。宋徽宗政和七年(1117)兴工,宣和四年(1122)竣工,徽宗作《艮岳记》,以山在国都之艮位(汴梁东北),故名艮岳。1127年金人攻陷汴京后被拆毁。

【译文】

绿萼梅。大多梅花的花萼都是绛紫色的,只有此种绿萼梅的花萼是纯绿色,枝和茎也是青绿色,显得特别清雅高洁。好赏花的人将它比拟为九疑山女仙人萼绿华。汴京的艮岳建有萼绿华堂,堂下专门种植绿萼梅,这个品种非常罕见,特为当时文人所珍重。江苏苏州一带另有一种梅花,花萼微绿而边缘浅绛色,也是很难得的品种。

【点评】

"绿萼梅"缘何得名,谱中已有明示。范

成大指出绿萼梅"跗蒂纯绿",与常梅绛紫色的花萼大不相同,又由于此梅的枝和茎都呈青绿色,范氏夸其在清高方面较他梅略胜一筹,后人更有"梅格已孤高,绿萼更幽艳"的赞誉。

范氏于后面进一步行文指出"人间亦不多有",已然言明此品梅本非凡物,珍奇瑰丽乃至世间罕见。难怪绿萼梅能被文人雅士比拟为萼绿华仙子,并在诗文中将其描绘得仿佛幽淡雅丽且不食人间烟火的仙子一般。比如"萼绿仙人下玉堂"、"春宵侍宴玉皇家"、"朝罢东皇放玉鸾"之句。有此禀性,更兼其多数花开为白色,越发彰显了绿萼梅的冰清玉洁,为其赢得了"清肌不涴(wò,沾染)尘"的美名。

在众多文人雅客中,唐代智觉禅师对绿萼梅的咏赞可以说是独具匠心,深得梅韵。他在《梅花百咏·绿萼梅》中咏颂道:"翠袖笼寒映素肌,靓妆仙子月中归。露香清逼瑶台晓,隐约青衣待玉妃。"其诗不仅造句新颖,更是形神兼具。除了以"翠袖"、"素肌"、"青衣"、"玉妃"等词形象地展现了绿萼梅天生丽质外,又辅以"靓妆仙子月中归"之诗句来撩拨赏诗者去遐想绿萼梅寒肌冻骨、冷香素艳的神韵,恰是绿萼梅表里相得益彰的写照。

　　百叶缃梅①。亦名黄香梅,亦名千叶香梅。花叶至二十余瓣,心色微黄,花头差小而繁密②,别有一种芳香。比常梅尤秾美③,不结实。

【注释】

①缃(xiāng):浅黄色。

②差(chā):比较,略微。

③秾(nóng):花木繁茂。

【译文】

百叶缃梅,也称黄香梅,又叫千叶香梅。花瓣多至二十余片,花蕊稍黄,花朵较小但开花数量繁多且紧凑,特有一种芳香,比寻常的梅花更加茂盛艳丽,不结果实。

王谦《卓冠群芳图》

【点评】

百叶缃梅着一"缃"字为名确是非常贴切，因为尽管它又被称为黄香梅，但其黄色并不是想象中的黄色，而是介于黄白之间，即"似黄非黄，似白非白"之色，接近于鹅黄色。更为奇特的是，要想观赏此种罕有之色还须趁早，只有在黄香梅之花花蕾期和含苞待放时才能得见，待其盛开时花几乎褪为白色了，到那时想见百叶缃梅真容则为时已晚。另外百叶缃梅开花较迟，首花更在"贪睡独开迟"的红梅之后，故得诗人题咏为"江梅落尽红梅在，百叶缃梅剩欲开"。其花期也不长，大概为一个月左右。

百叶缃梅颇多独特之处，除了为世人所知的奇香外，其遭遇亦是奇异。据北宋邵博《闻见后录》卷二九载："千叶黄梅，洛人殊贵之，其香异于它种，蜀中未识也。近兴、利州（今四川广元）山中，樵者薪之以出，有洛人识之，求于其地尚多，始移种遗喜事者，今西州（巴蜀地区）处处有之。"可见，要不是洛中名士识物，趋而求取，百叶缃梅在蜀中难逃刀砍斧斫命运而沦为薪炭之物，让人不禁感慨"千里马常有，而伯乐不常有"。

此后，百叶缃梅还是命运多舛。在国内"消失"了八百多年，直到1985年才在安徽的深山里被人发现。此外，"梅花院士"陈俊愉先生寻访黄香梅的故事更是感人。陈老鉴于此种古老的品种一度在国内"消失"，四处寻找却一无所获。他讲述说自己曾在日本找到类似的"黄金梅"品种，并先后三次请求日本赠送一株，对方却一直在敷衍。最后，他一赌气回到国内继续寻找，功夫不负有心人，终于在"天下第一梅山"——南京梅花山发现了色泽淡黄，香味独特的"单瓣黄香"和"南京复黄香"两个品种，成为传世佳话。

　　红梅。粉红色。标格犹是梅①，而繁密则如杏，香亦类杏。诗人有"北人全未识，浑作杏花看"之句②。与江梅同开，红白相映，园林初春绝景也。梅圣俞诗云："认桃无绿叶，辨杏有青枝。"③当时以为著题④。东坡诗云："诗老不知梅格在，更看绿叶与青枝。"⑤盖谓其不韵，为红梅解嘲云⑥。承平时，此花独盛于姑苏⑦，晏元献公始移植西冈圃中⑧。一日，贵游赂园吏，得一枝分接，由是都下有二本。尝与客饮花下，赋诗云："若更开迟三二月，北人应作杏花看。"客曰："公诗固佳，待北俗何浅耶！"晏笑曰："伧父安得不然⑨。"王琪君玉⑩，时守吴郡⑪，闻盗花种事，以诗遗公，曰："馆娃宫北发精神⑫，粉瘦琼寒露蕊新。园吏无端偷折去，凤城从此有双身⑬。"当时罕得如此。比年展转移接，殆不可胜数矣⑭。世传吴下红梅诗甚多，惟方子通一篇绝唱⑮，有"紫府与丹来换骨，春风吹酒上凝脂"之句。

【注释】

　　①标格：标，树梢，引申为表面。标格指风范，风度。

　　②"诗人"句：北宋王安石《红梅》诗有"北人初未识，浑作杏花看"之句，范成大谱中之句与王诗稍有出入，应该援引于此。

　　③"梅圣俞诗云"句：梅圣俞即梅尧臣（1002—1060），字圣俞，宣州宣城（今属安徽宣城）人，世称宛陵先生，宋诗风格的开创者。梅尧臣爱梅，曾在家乡专门种植红梅，爱称红梅为"吾家物"，友人多求取嫁接。杨按：苏东坡在《东坡志林》卷一〇中指出："若石曼卿《红梅》诗云'认桃无绿叶，辨杏有青枝'，此至陋语，盖村学究体也。"可知

梅兰竹菊谱

赏梅图

此诗句为石延年（字曼卿）所写，恐是范成大所记有误。

④著题：宋时诗论中较为多见的术语，意指诗的本文"着落"于诗的标题上之意，主要用在咏物诗上。

⑤"东坡诗云"句：诗出苏东坡的《红梅》，其中"诗老"是指苏轼的前辈诗人石延年（字曼卿）。

⑥解嘲：因被人嘲笑而自作解释。

⑦姑苏：苏州的雅称。如唐代诗人张继脍炙人口的千古名作《枫桥夜泊》中的名句"姑苏城外寒山寺，夜半钟声到客船"。

⑧晏元献：即晏殊（991—1055），字同叔，抚州临川（今属江西进贤）人，元献为其谥号。北宋著名词人，婉约派四大词人之一。

⑨伧（cāng）父：南北朝时期，南人讥笑北人粗鄙，蔑称之为"伧父"。后用以泛指粗俗、鄙贱的人，相当于"村夫"之意。

⑩王琪：字君玉，华阳（今四川双流）人，嘉祐中，知平江府（今江苏苏州），为政清简有声望。《全宋词》录其词十一首。

⑪吴郡：汉永建四年（129），在会稽郡钱塘江以西置吴郡，治吴县，属扬州，治所在今江苏苏州市区。

⑫馆娃宫：古代吴宫名。春秋时吴王夫差为西施所造。在今苏州西南灵岩山上，灵岩寺即其旧址。

⑬凤城：京都的美称。

⑭殆：几乎。

⑮方子通：即方惟深（1040—1122），字子通，莆田城厢后埭人，幼随父亲居住长洲（今江苏苏州），工诗赋。

【译文】

红梅，粉红色。其外表和神韵虽然是梅，但花的繁密程度和香味都同杏差不多，以致诗人写有"北人全未识，浑作杏花看"的诗句。若与"江梅"同时开放的话，红白两色交相辉映于园林之中，真可谓初春绝美的景致啊。梅尧臣的诗写道："认桃无绿叶，辨杏有青枝。"（此句应为石延年所作，范成大误记为梅尧臣诗）是说把红梅认作桃花却无绿叶，把红梅视作杏花却又有青枝，抓住了红梅花近似桃、杏，又相区别的特征，当时人们以为非常切题。而苏东坡的诗却说："诗老不知梅格在，更看绿叶与青枝。"大概是说石延年没体会到红梅的神韵，故而特为红梅辩解。在承平时，红梅只流行于苏州一带，是晏殊首先将红梅移植到汴京的西冈花圃中的。一天，一位高贵的游人贿赂了园官，偷得一枝红梅回去接种，于是京城才有了第二株。晏公曾经与客人在花下饮酒赋诗："若更开迟三二月，北人应作杏花看。"得意地说如果红梅再晚开花两三个月，北方人一准会把它当作杏花看待。客人说道："晏公诗固然很好，但未免将北方人看得太肤浅了吧？"晏殊笑答道："粗野村夫怎么不会这样（肤浅）呢。"王君玉当时为苏州地方首长，听说了偷花一事后，写了首诗送给晏殊："馆娃宫北发精神，粉瘦琼寒露蕊新。园吏无端偷折去，凤城从此有双身。"告诉他苏州以北已经有了红梅，汴梁的红梅也不仅仅西冈花圃一株了。当时红梅竟然稀少到如此地步。近几年经过各地之间相互植接移种，红梅已经多到几乎数不清了。世间流传着很多苏州一带题咏红梅的诗句，只有方子通的一首堪称绝世之作，其诗中有"紫府与丹来换骨，春风吹酒上凝脂"之句。

【点评】

文中叙述了两桩有关红梅的趣事。

一是梅杏之辨。由于红梅在繁密程度、香味等方面都与杏相似，导致人们常常将两者混淆，尤其以北方人为代表，引来了晏殊和王安石等南方人的嘲笑。而梅杏之辨又由于苏东坡对石曼卿的批判更进一步上升为体认梅花表象与神韵之争。事情是这样的：鉴于北人常辨认不清梅和杏，一些文人如石曼卿留心观察了两者的区别后，将之写入诗文："认桃无绿叶，辨杏有青枝。"意思是说，把梅花当桃花来看，没有碧绿的桃叶；将它当作杏花来看，却又有青嫩的枝条。对此，苏东坡颇不以为然，写了首诗予以回应："怕愁贪睡独开迟，自恐冰容不入时。故作小红桃杏色，尚余孤瘦雪霜姿。寒心未肯随春态，酒晕无端上玉肌。诗老不知梅格在，更看绿叶与青枝。"在苏轼看来，这种只看到事物外在形式的见识落了俗套，而诗人更应该注重以其独特敏感的视角挖掘梅花的内在神韵，即所谓的"梅格"。红梅自有其傲然超群的一面，艳杏和夭桃是不能与她相提并论的，所以从神韵上就可以对此三者进行辨认，何须察看绿叶与青枝。

二是偷梅雅事。吴中红梅在宋初就已独领风骚，更因"世传吴下红梅诗甚多"，经文人的吟诵流布，逐渐为世人所知。晏殊索性将她引种到了京城，却是只此一家，被"贵游"偷折之后才开始慢慢在北方扩散种植。由此可见，当时红梅在北方很是稀少珍贵，以至时人不惜以偷折嫁接来满足个人的赏梅之趣。当时社会对高雅之事的推崇与追求亦可见一斑。称此事为"偷梅雅事"，是感慨于文人雅士间对梅花的珍爱执着，颇有些孔乙己般的辩解："读书人的事，能算偷么！"

文末所引"紫府与丹来换骨，春风吹酒上凝脂"之诗实际上介绍了红梅中的一种珍品——骨里红：花重瓣，深红

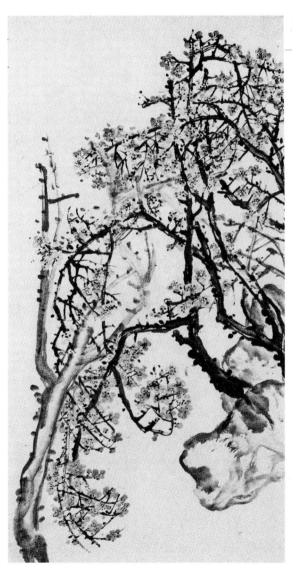

红梅图

吴昌硕《松梅图》

色，极香。由于花瓣是火红的，连花蕊都是红的，简直是红透了"骨"，故有此名。

　　鸳鸯梅。多叶红梅也。花轻盈，重叶数层。凡双果必并蒂，惟此一蒂而结双梅，亦尤物。

【译文】

　　鸳鸯梅，是一种多叶红梅。花朵纤柔轻飘，有几层花瓣。但凡结双果的必定花蒂相连，只有此品梅花一个蒂结双果，也算是世间珍奇美物了。

【点评】

　　由"鸳鸯"一词很容易让人联想到此梅结果时必定成双成对，这在中国传统文化中可是吉祥和美之物。又由于鸳鸯梅的花型、花色、花期均与红梅相似，故文中指其为"多叶红梅"。

　　至于鸳鸯梅能结成双果的原理，张艳芳在其《鸳鸯梅》一文中指出："一花双果的现象是由于有些梅花含有两个发达的雌蕊，受粉后各自结实；并花双果的现象是因为有些梅花在一个芽节上并生两花且这并生的两花各结一果，每果各含一蒂，即为并蒂双花。在宋代，人们所指的鸳鸯梅为一蒂双果之梅……元、明两代，鸳鸯梅则指的是并蒂双果之梅。"范氏所记的鸳鸯梅确属一蒂双果之梅，而元明时期多记载并蒂双果之鸳鸯梅，一如元人冯子振所写诗句"并蒂连枝朵朵双"、"采采双花对锦机"中所指。

杏梅。花比红梅色微淡，结实甚匾①，有斓斑色②，全似杏，味不及红梅。

【注释】

①匾：同"扁"，不圆。

②斓（lán）斑：灿烂多彩。

【译文】

杏梅的花比红梅的花颜色稍淡，结的果实很扁，梅子颜色多样，味道跟杏子差不多，但不如红梅果的好。

【点评】

杏梅，又称"洋梅"。由于杏梅既包含杏的性状，又包含梅的性状，因此被疑为杏（或山杏）与梅的天然杂交种。其形态表现在：枝叶略似杏，开杏型花，花托肿大，似杏；果味酸、果核表面有蜂窝状小凹点，又似梅。

由于杏梅"花比红梅色微淡"，没突出特点，且常无香味或只有微香，平平无奇实难以吸引文人的关注，得到他们的咏赞。唯一可提之处——独特的果味，但在范氏看来，也是不及红梅的味好。到宋代，人们对梅花的态度早已从实用阶段过渡到欣赏阶段。如果是在秦汉之前，杏梅可能受到重视，因为那时"梅之名虽见经典，然古者不重其花，故离骚遍咏香草，独不及梅"。到了《梅谱》写作时代，梅既"以花闻天下"，除非必要，谱中鲜有提及梅花果实的。所以说，杏梅可谓"生"不逢时啊。

蜡梅。本非梅类，以其与梅同时，香又相近，色酷似蜜脾①，故名蜡梅。凡三种：以子种出，不经接，花小，香淡，其品最下，俗谓之狗蝇梅；

月下墨梅图

经接，花疏，虽盛开，花常半含，名磬口梅，言似僧磬之口也[②]；最先开，色深黄，如紫檀，花密香秾，名檀香梅，此品最佳。蜡梅香极清芳，殆过梅香，初不以形状贵也，故难题咏，山谷、简斋但作五言小诗而已[③]。此花多宿叶[④]，结实如垂铃，尖长寸余，又如大桃奴[⑤]，子在其中。

【注释】

①蜜脾：蜜蜂营造的酿蜜的房，因其形如脾，故得名。

②僧磬（qìng）：佛寺中为集合僧众供击打的钵形铜乐器。

③山谷：即黄庭坚（1045—1105），字鲁直，号山谷道人，分宁（今江西修水）人，北宋书法家、文学家。其所写有关蜡梅的诗为："天工戏剪百花房，夺尽人工更有香。埋玉地中成故物，折枝镜里忆新妆。"简斋：即陈与义（1090—1138），字去非，号简斋，河南洛阳人，两宋之际诗人。写有四首《蜡梅》绝句。

④宿（sù）叶：老旧的花瓣。蜡梅花期很长，从当年11月至翌年3月。

⑤桃奴：《本草纲目·果一·桃枭》称"桃子干悬如枭首磔（zhé）木之状，故名"。用来指剩在树上的个头小，不成材的小瘪桃。

【译文】

蜡梅，本不属于梅花一类，因为与梅花的花期相近，香味又类似，颜色酷像蜂房的蜡黄色，因此得名蜡梅。总共有三个品种：第一种以种子长成且没有经过嫁接的，花小香味淡，品质最差，俗称为"狗蝇梅"。第二种经过嫁接过的，花朵稀少，即使在盛开之时花姿也是半含半露的，叫磬口梅，大意指其形状如同佛寺铜磬的缘口。第三种蜡梅最先绽开，花色深黄，如同紫檀花的颜色，花繁密香气浓郁，故称为檀香梅，该种蜡梅品质最佳。蜡梅花极其清香芬芳，几乎超过梅花的香味。本来也不是因为外形而受到雅重的，所以很难题诗咏赞，黄庭坚、陈与义等人也仅赋有五言小诗罢了。蜡梅花多有老旧不落的花瓣，结的果实如垂落的铃铛，形状尖长，有一寸多，很像大个儿瘿桃，种子藏在里面。

【点评】

蜡梅又称黄梅、腊梅，是蜡梅科蜡梅属灌木，花色以蜡黄为主；而梅花是蔷薇科李属乔木，花色有白、粉、深红、紫红等色。况且梅花花期也比蜡梅要晚一到两个月，大概在农历正月和二月间开花。可见，蜡梅和梅花既不同科也不同属，于花色、花期、树冠等方面相差很大。而文中也已指出蜡梅本非梅类，但范成大又认为两者花期相近，香味又类似，因此在谱中予以记录。可能是范氏嗅及蜡梅之清香而使其浮想到梅花，以至爱屋及乌对蜡梅心生偏爱。

谱中著录了蜡梅的三个品种，但据现代学者研究，其品种主要可分为四类：一是素心蜡梅，又称荷花梅，花瓣黄色，香味浓，较名贵。二是磬口蜡梅：叶、花皆大，外轮花被淡黄色，内轮有红紫色边缘或条纹。三是狗牙蜡梅，又称狗蝇梅、臭梅，叶较尖狭，花较小，开花迟。四是小花蜡梅，花特小，品质差，外轮花被片淡黄，内轮具浓红紫纹，较罕见。

关于蜡梅的典故颇多，而饶有趣味的是其不同时期的称呼。蜡梅最早被称作黄梅，相传动人的"梅花妆"故事即发生在此称呼期间。南朝宋武帝有位女儿叫寿阳公主，冬季的一天，寿阳公主卧于含章殿檐下，当时风吹蜡梅，将花瓣吹落在她的额头，"成五出之花，拂之不去"，反而使寿阳公主更显娇艳，宫女们见了竞相效仿，"梅花妆"一名由此而来，也叫"黄花妆"。唐时，梅花妆成为宫女的流行装扮，一度成为宫廷日妆。由于蜡梅的时令性，她们索性就用很薄的金箔剪成花瓣形贴在额上。在敦煌莫高窟壁画中，许多供养贵妇的脸颊和额头上就饰有金箔花妆，高贵典雅，妩媚动人。

后　序

　　梅以韵胜，以格高，故以横斜疏瘦与老枝怪奇者为贵。其新接稚木[1]，一岁抽嫩枝直上，或三四尺，如酴醿、蔷薇辈者[2]，吴下谓之气条[3]。此直宜取实规利[4]，无所谓韵与格矣。又有一种粪壤力胜者，于条上茁短横枝[5]，状如棘针，花密缀之，亦非高品。近世始画墨梅，江西有杨补之者尤有名[6]，其徒仿之者实繁。观杨氏画，大略皆气条耳。虽笔法奇峭，去梅实远。惟廉宣仲所作[7]，差有风致[8]，世鲜有评之者，余故附之谱后。

【注释】

　　①稚：年幼的，稚嫩的。

　　②酴醿(tú mí)：亦作"酴醾"，花名。本酒名，因为花颜色似之，故取以为名。小枝有刺，晚春开花，花繁香浓。蔷薇：落叶灌木，枝条细长，多生锐刺。

　　③气条：园艺学上称之为"徒长枝"，指植物只长茎秆而不长花或果实的情况。

　　④取实规利：规利，谋求利益。取实规利指追求实用和功利。

　　⑤茁：发芽，植物初生貌，泛指生出。

　　⑥杨补之：即杨无咎(1097—1171)，字补之，临江清江(今江西樟树)人，宋代词人、书画家。绘画尤擅墨梅。

　　⑦廉宣仲：即廉布(1092—？)，字宣仲，楚州山阳(今江苏淮安)人，宋代画家。好画

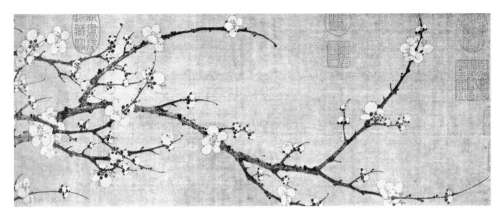

岩叟《梅花诗意图》

山水,尤工枯木丛竹、奇石松柏。

⑧风致:风格,情趣。

【译文】

　　梅花以韵味取胜,以格调受重,因此外形"横斜疏瘦"和"老枝怪奇"的被视为珍贵品种。至于新嫁接的小枝幼梅,一年可以笔直地抽长三到四尺,很像酴醾、蔷薇一类植物,苏州一带称为"气条"(只抽长枝)。这只是追求实用和功利的结果,谈不上什么韵味和格调。还有一种梅花依靠粪肥催生,在枝条上长出又短又横的侧枝,形状如同荆棘的芒刺,花朵繁密纷乱地点缀其上,也称不上是高贵的品种。近世才开始有人画"墨梅",江西有位杨无咎,非常有名,他的很多徒弟都模仿他的画风。依我看杨氏的墨梅,画的大都只是枯长的梅枝罢了。尽管笔法雄健,但与真正的梅花孤傲奇古的品格相差甚远。只有廉布所画梅花,稍微还算有点风格韵调,只不过世人少有对其画作发表评论的,我因此将它附写在梅谱之后。

【点评】

　　范成大艺梅赏梅,不仅将所种植梅花品种进行谱录,还阐发了赏梅的独到见解:梅以韵胜,以格高。那么,该如何赏识梅的韵味和格调呢?其外在衡量标准是"横斜疏瘦"和"老枝

王素《赏梅图》

怪奇"。范氏《梅谱》所录梅花中，江梅和古梅应是这两种标准的代表。范成大赏识"横斜疏瘦"显然是受了林逋的影响，而以"老枝怪奇"为贵则是随着作者生活时代对古梅幽峭苍劲等审美意蕴的挖掘而兴起的。

通读梅谱可知，范成大最瞧不起急功近利，短视浮躁的世俗气，因此，他接着批评了两种病态的梅花，即气条型和肥力催生型。两者都是贪图实利者急于求成的结果，企图通过缩短梅花的生长时间达到商业利益。前者茎秆长势太快太直，同时花朵稀少，这在范氏看来是有违"老枝怪奇"观赏原则的；而后者枝短花密，也不符合"横斜疏瘦"之态，同样不具美观。可见，范石湖追求的是少有人工雕琢的纯自然"原生态"，是"天然去雕饰"之美。

范氏除了用该标准鉴赏梅花外，还用它来品评画家所作的墨梅。范成大颇不中意杨无咎的画作，讽刺杨作"墨梅"大部分都是"气条"，与他心目中真正的梅花韵格相差甚远。要知道宋人刘克庄对杨无咎可是推崇备至，称"其墨梅擅天下，身后寸纸千金"，而范成大竟如此贬低，看来是杨无咎所画梅花不符范氏标准的缘故。

梅兰竹菊谱

王氏兰谱

[南宋] 王贵学

　　《王氏兰谱》一卷，南宋王贵学撰。王贵学，生卒不详，字进叔，漳州龙溪（今属福建龙海）人。根据该谱序文可知，他生活于南宋后期，大体是宁宗、理宗时期的人物。

　　南宋理宗绍定六年（1233），宋室宗族赵时庚撰写出《金漳兰谱》，成为我国也是世界上第一部兰花专著，谱中共记载了32种兰花。14年之后，也就是在理宗淳祐七年（1247），王贵学又在前人的基础上撰写成《王氏兰谱》，详细记载了50个兰花品种，兼及介绍了兰花定品的原则、分拆栽培的方法和施肥浇水的技巧，将宋人对兰花的研究推向了一个新的高峰。

　　本书以宛委山堂《说郛》本为底本，以涵芬楼铅印《说郛》本为参本，整理校对之。原本中夹注之处，皆以括号和小号字体标出，与正文相区别。

序

窗前有草①，濂溪周先生盖达其生意②，是格物而非玩物③。予及友龙江王进叔④，整暇于六籍书史之余⑤，品藻百物⑥，封植兰蕙⑦，设客难而主其谱⑧。撷英于干叶香色之殊⑨，得韵于耳目口鼻之表⑩，非体兰之生意不能也。所禀既异⑪，所养又充。进叔资学亦如斯兰⑫，野而岩谷，家而庭阶，国有台省⑬，随所置之，其房无致⑭。夫草可以会仁意⑮，兰岂一草云乎哉？君子养德，于是乎在。淳祐丁未孟春戊戌蒲阳叶大有序⑯。

【注释】

①窗前有草：据《二程遗书》记载，周敦颐窗前长满青草，人问为何不剪除，周答道："与自家意思一般。"

②濂溪周先生：即周敦颐（1017—1073），字茂叔，道州营道（今湖南道县）人，北宋著名理学家。晚年移居江西庐山莲花峰下，峰前有溪水，遂取营道旧居濂溪名之，因此世称濂溪先生。濂溪，湖南道县水名。生意：生机，这里指自然万物和谐生存的意义。

③格物：穷究事物的道理，如格物致知。玩物：赏玩所爱之物。

④龙江王进叔：即王贵学，字进叔。古人多以籍贯指称其人，龙江即九龙江，流经王贵学家乡龙溪县（今属福建龙海）。

⑤整暇：形容既严谨而又从容不迫。六籍：即六经，指《诗》、《书》、《礼》、《乐》、《易》、《春秋》六部儒家经典，也称为"六艺"。

⑥品藻：品评，鉴定。

⑦封植：培育，培植。蕙（huì）：香草名。一指薰草，俗称佩兰；一指兰蕙，多年生草本植物，相比兰香味稍逊，颜色也稍浅。

赵孟坚《墨兰图》

⑧设客难：假设客人向自己诘问而进行答辩，以发表自己的看法和心得等。

⑨撷（xié）英：采择精华，也指收集、采集。殊：不同。

⑩韵：情趣，意味。

⑪禀：禀成，禀持。

⑫资学：资质才学。

⑬台省：唐高宗时以尚书省为中台，门下省为东台，中书省为西台，总称为台省，也有将"三省"和御史台并称台省的。后来因袭沿革，用"台省"指称政府的中央机构。

⑭无致（yì）：不厌弃，不厌恶。

⑮会：领悟，推敲。

⑯淳祐丁未：淳祐（1241—1252）是宋理宗赵昀（yún）的年号，淳祐丁未指公元1247年。孟春：春季的第一个月。蒲阳：即莆阳，今福建莆田。叶大有：字谦夫，生卒不详，大约生活在宋宁宗、宋理宗年间，兴化军仙游县（今福建仙游）人。绍定四年（1231），大有中乡试第一，绍定五年又中礼部会试第一，随后中进士，累官至侍御史、右谏议大夫、宝章阁直学士。

【译文】

看到窗前生长的青草，濂溪周敦颐先生便通晓了自然万物和谐共生的意义，这是在推究事物的道理而并非赏玩所爱之物。我和朋友龙江的王贵学，在认真研读经史书籍的闲暇时候，品评鉴赏各种事物，培植兰蕙，设想若有人追问原委应如何回答，于是便自问自答力主编写有关兰蕙的书谱。王氏辨别兰花在茎干、叶子、香味、颜色等方面的差异，用耳目口鼻等外部感观去体会种植兰花的情趣，如果没有领悟兰花的生机，这是不可能做到的。兰花的禀赋奇特，又得到了充分的培植，才开得异常茂盛。进叔的天赋才学也如同这兰花一样，在野外则生长于山谷，在家中则摆放于庭院台阶，在朝廷则置之各机关衙署，随便摆放在哪里，所放之处都不会嫌弃。既然由青草都可以领悟到仁爱之意，那么兰花的品格岂能像一株草介那么简单呢？君子培养自己的品德，和这养兰的道理是一致的啊。淳祐丁未年（1247）孟春月戊戌日蒲阳叶大有作序。

【点评】

古人诗文中好用"比兴"手法，即托于"草木鸟兽以见意"。到了宋代，"格物致知"成为理学家关于道德修养的重要命题，理学家们也往往借助于自然界的生物或现象来体悟事物运行的大道理。叶大有在《兰谱》序中开门见山，以周敦颐从青草中体认出"生意"之例做铺垫，来说明自己和王贵学植兰赏兰，并非仅停留在赏玩阶段，而是蕴含了个人对兰花高尚情操的爱慕与追求。也就是说，叶大有和王贵学二人想通过"格兰"这一途径来悟道养德。那么兰花究竟有何德何能，竟如此受到历代文人士子的雅重呢？

中国养兰历史悠久，至少在春秋时期兰花就已经受到了士大夫的青睐。《周易系辞》里就有"同心之言，其臭如兰"之句，《左传》夸赞"兰有国香，人服媚之"。可见在当时，兰即以其独特的香味吸引了世人的广泛关注。面对兰花的幽香，孔子丝毫不吝惜溢美之词，由衷地赞美道"夫兰当为王者香"。从此以后兰花被冠以各种名号，如"香祖"、"天下第一香"、"王者之香"、"国香"等。

孔夫子欣赏和推重兰蕙之美，不仅仅由于兰蕙拥有与众不同的香气，更在于他赋予了兰蕙新的文化内涵。当孔子于流离之中望见兰蕙生长于深山幽谷，世人无缘赏识其香的时候，他联想到自身的穷困潦倒，不禁感慨兰花"与众草为伍，譬犹贤者不逢时，与鄙夫为伦也"，遂下车弹奏了一首幽怨悱恻的传世绝音——《猗兰操》（又叫《幽兰操》），抒发了自己怀才不遇的心情。但孔子继而以"芝兰生于幽谷，不以无人而不芳，君子修道立德，不以穷困而变节"自勉，用芝兰来比拟那些在困境中仍然孜孜不倦于道德修养的谦谦君子，进一步提升了兰蕙的审美意境，兰草也因此获得了"君子兰"的美名。孔子可谓是中国第一位兰蕙鉴赏专家，他对兰蕙内涵的阐发奠定了兰花以后成为"花中君子"的地位。

战国时期的伟大诗人屈原在《离骚》中吟诵道："余既滋兰之九畹兮，又树蕙之百亩。"他不仅亲自种植兰蕙，还"纫（rèn，连缀）秋兰以为佩"，来表明自己的洁身自好。屈原借兰蕙来标示自己的高尚品德，而兰蕙经过屈原的骚赋之后，则更多了一层清高耿介的意蕴，两者可谓相得益彰。

由于孔夫子和屈原的推重，兰蕙的精神文化内涵逐渐丰富，被后人赞誉为"德花"。因此叶大有在序中暗示自己和王贵学借兰以明志，用兰来养德。明代张应文在讲述兰花养德时云："夫兰清芬酝藉（yùn jiè，含蓄而不显露），比德君子，日与薰陶，使人鄙吝之心油然自消。"可见，日日受兰熏染，确实能够潜移默化地提升个人品德修养，兰蕙不愧为文人雅士修身养性的佳花啊。

万物皆天地委形①。其物之形而秀者，又天地之委和也。和气所钟②，为圣为贤，为景星③，为凤凰，为芝草④，草有兰亦然。世称"三友"⑤，挺挺花卉中⑥，竹有节而啬花⑦，梅有花而啬叶，松有叶而啬香，惟兰独并有之。兰，君子也。餐霞饮露⑧，孤竹之清标⑨；劲柯端茎⑩，汾阳之清节⑪；清香淑质⑫，灵均之洁操⑬。韵而幽，妍而淡，曾不与西施、何郎等伍⑭，以天地和气委之也。

予嗜焉成癖⑮，志几之暇⑯，具于心，服于身⑰，复于声誉之间，搜求五十品，随其性而植之。客有谓予曰："此身本无物，子何取以自累？"予应之曰："天壤间万物皆寄尔⑱。耳，声之寄；目，色之寄；鼻，臭之寄⑲；口，味之寄。有耳目口鼻而欲绝夫声色臭味，则天地万物将无所寓其寄矣⑳。若总其所以寄我者而为我有，又安知其不我累耶？"客曰："然。"遂谱之。淳祐丁未龙江王贵学进叔敬书。

【注释】

①委形：赋予……形体。

②和气：古人认为天地间阴气与阳气交合而成之气，万物由此"和气"而生。这里进一步引申为祥瑞之气。钟：聚集，集中。

③景星：德星，瑞星。在古代，景星被认为是吉祥之兆，如《文子·精诚》："故精诚内形气动于天，景星见，黄龙下，凤凰至，醴（lǐ）泉出，嘉谷生，河不满溢，海不波涌。"

④芝草：菌类植物的一种，古人以为瑞草，又名"灵芝"。

⑤三友：指松、竹、梅，世称"岁寒三友"。

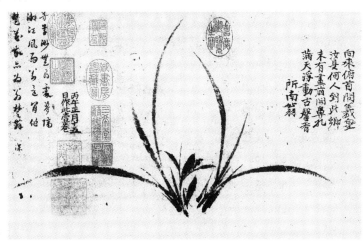

郑思肖《墨兰图》

⑥挺挺：形容花木挺拔。

⑦啬(sè)：小气，吝啬。文中指欠缺之意。

⑧餐霞饮露：餐食日霞，渴饮露水。文中用以形容兰花超凡脱俗的气节。

⑨孤竹：代指伯夷、叔齐。伯夷和叔齐是殷商时期孤竹国国君的儿子。周武王伐纣时，二人极力谏阻。武王灭商后，他们不吃周粟，采薇而食，饿死于首阳山。二人历来被作为有操守的典范。清标：清操，高洁的节操。

⑩柯：草木的枝茎。端：不歪斜。

⑪汾(fén)阳：指介子推，又作介之推，约生活于公元前7世纪，春秋时期晋国人。早年随晋文公重耳流亡，传说重耳饥，介子推割股以食文公。重耳返晋当国君后，他携母出走，隐居绵山。又传晋文公求其不得，遂放火烧山，介子推抱树而死。

⑫淑质：美好的资质。

⑬灵均：战国时期楚国文学家屈原(约前340—约前278)的字。《楚辞·离骚》："名余曰正则兮，字余曰灵均。"

⑭西施：春秋末年越国苎萝山(今浙江诸暨南)人，以貌美著称。夫椒之战，吴败越，西施被越王勾践献给吴王夫差，深得宠爱。传说越灭吴后，同范蠡入五湖。后来被称为中国古代四大美女之一。何郎：三国时期的玄学家何晏(?—249)，字平叔，南阳宛县(今河南南阳)人。何晏仪容俊美，色白犹如敷粉，走路还不时回头看自己的影子，被人称为"傅粉何郎"。后来就用"何郎"来形容那些喜欢修饰的青年男子。等伍：相同，与……为伍。

⑮嗜(shì)：嗜好，喜爱。癖(pǐ)：癖好，对事物的偏爱达到成为习惯的地步。

⑯志几：即有志于学业。杨按："志几"当是"志学"之误。

⑰服：信服，指对兰花衷心喜爱。此用法与"服膺"(牢记在胸中)类似。

⑱寄；依靠，凭借。

⑲臭(xiù)：气味的总称。

⑳寓：寄托。

【译文】

万物都是由天地赋予形体的。其中形秀质美的，又是天地阴阳之气和合赋予的结果。和合之气聚集，就会孕育出圣贤、景星、凤凰和芝草，百草中的兰花也是如此。竹子、梅花、松树虽然被世人称作"岁寒三友"，但在挺拔的花卉中，竹子有节而少花，梅有花但少叶，松有叶却无香味，唯独兰于花、叶、香三者都具备。兰是花卉中的君子啊。她餐食日霞，渴饮露水，身具伯夷、叔齐的清高品格；她茎干端正劲直，堪比介子推的坚贞节操；她清香而资质俊美，有着屈原的高洁情操。兰花既有韵致而又幽雅，秀丽却又淡朴，不屑与西施、何郎之类为伍，因为她是天地和合祥瑞之气凝聚所生的啊。

我嗜爱兰花成癖，在有志于学业的闲暇时间，倾心于兰，爱慕于兰，又于各种著名的兰花中访求到五十个品种，依照她们的习性来栽培种植。有朋友问我说："人生本来没有身外之物的烦恼，你却为何用兰花来拖累自己呢？"我回答他说："天地间万物都是有所寄托的。耳朵，是声音的寄托之所；眼睛，是表象的寄托之所；鼻子，是气味的寄托之所；嘴巴，是味道的寄托之所。生有耳目口鼻这些感官，却偏偏要断绝各种声色臭味的感知，那么天地万物还有什么地方可寄托呢。如果汇集这些寄托于我的生机，并化为我生活的一部分，又怎么知道它们会牵累我呢？"朋友听后感叹道："你说得对呀！"于是，我就写作了这本《兰谱》。淳祐丁未年（1247）龙江王进叔恭敬地题写书序。

【点评】

叶大有在前序中已经开宗明义地点出了兰花有着君子般的德性，言简而意赅。王贵学则延续了好友对兰花的推崇，详细而深刻地阐发了兰花所蕴涵的精神文化内涵。

兰是大自然的瑰宝，和梅、竹、菊并称"四君子"，她不愧为天地阴阳和合之气孕育的奇葩，名冠兰、梅、菊、竹、松、莲，居花中"六友"之首。与松、梅、竹"岁寒三友"相比，兰兼具花、叶、香之优，兰花莹洁素雅，兰叶修长绰约，兰香幽玄醇正，可谓集众美于一身。

在万物生灵中，兰花以"全德"著称，自然会成为追求"十全十美"的君子的典范。中国古代文人用"惟奇卉之灵德"来夸赞兰花，就是指兰花拥有十分完美的品德。在王贵学看来，这些品德隐藏于兰花的花姿、香味、习性，甚至于茎干枝叶当中，只有细心品味方能体悟其深幽内涵。王贵学本人有着相当丰富的种兰经验，深谙兰花的习性，并且对于兰花的各部位器官了如指掌，故他能将养兰之道与赏兰之法很好地结合起来，领悟兰花鲜为人知的独特精神气质。

兰花"韵而幽，妍而淡"，清雅高洁，朴实无华，其淡泊德馨历来受到君子宗奉。兰花天生地养，餐霞饮露，禀日月之精华，并不需太多肥料的滋养，也不似牡丹般富贵娇气，此种风骨不输于宁可饿死亦不食周粟的伯夷、叔齐。兰花的茎又称"箭茎"，缘于其形如箭般强劲笔直，在众多国兰中，建兰（因主产地福建而得名）的叶子尤为明显，大多有剑脊般的坚劲挺立之美，因此以宁折不屈的介子推作比，岂不形象？兰花的馨香和不染一尘之质，正与"举世皆浊我独清"的屈原相契合，故而屈原又被尊为兰花的花神。兰花的秀美不比西施的惊艳容貌，也不比何郎的行步顾影，然则西施与何郎之流，华而不实者，不足以与兰花为伍。只有伯夷、叔齐、介子推和屈原这些操守坚贞，志行高雅的精神偶像，才能够与兰花相匹配。清末文人区金策在《岭海兰言》中说，兰花"有菊之静，而无其孤；有水仙之清，而无其寒"。这种清雅神韵再配以"虽无艳色如娇女"，"秀而不媚之容"的仙姿丽质，最终成就了兰花的最完美品格，征服了古往今来无数文人雅士的内心世界，创造出了博大精深、绵延不绝的中华兰文化。

品第之等

涪翁曰[①]："楚人滋兰九畹[②]，植蕙百亩。兰少故贵，蕙多故贱。"予按：《本草》："薰草，亦名蕙草，叶曰蕙，根曰薰。"[③]十二亩为畹，百亩自是相等。若以一干数花而蕙贱之，非也。今均目曰兰[④]。

【注释】

①涪(fú)翁：即黄庭坚（1045—1105），字鲁直，自号山谷道人，晚号涪翁，洪州分宁（今江西修水）人。北宋著名诗人、词人及书法家。黄氏自幼受家乡遍植兰花的熏陶，一生爱兰、识兰、赞兰、书兰，是北宋有名的艺兰高手。他在《书幽芳亭记》中说："盖兰似君子，蕙似士大夫，大概山林中十蕙而一兰也。《离骚》曰：'予既滋兰之九畹兮，又树蕙之百亩。'《招魂》曰：'光风转蕙泛崇兰。'是以知楚人贱蕙而贵兰久矣。"

②滋：生出，生长，这里引申为培植。畹(wǎn)：古代面地积单位。说法不一，一说三十亩为一畹，一说十二亩为一畹。王贵学倾向于后一种解释。

③"予按《本草》"句：按，考查，就是指按语。本草，原指《神农本草经》。（杨按：现存版本《神农本草经》中并无此句。《本草别录》："薰草，一名蕙草。"）因历代皆修本草，故不能确指，此处泛指中医药书。

④均：都。目：看做，被视为。

【译文】

黄庭坚曾说："楚人培育了九畹兰花，又种植了百亩蕙草。兰种植的少因而珍贵，蕙种植的多因而受轻视。"据我考证：《本草》上记载"薰草也叫蕙草，叶子称作蕙，根称作薰"。另外，据说十二亩是一畹，那么九畹的面积也和一百亩差不多了。如果把一茎干开数朵花当作蕙草，进而轻贱它，那是错误的。如今蕙和兰一律都被看做是兰。

【点评】

北宋大才子黄庭坚是中国历史上有名

李衎《四清图》

的"兰痴"，一生嗜兰如命。他曾经有句名言："士之才德盖一国，则曰国士；女之色盖一国，则曰国色；兰之香盖一国，则曰国香。"赋予了兰花"国香"的崇高地位。在其名作《书幽芳亭记》中，黄庭坚引用《离骚》中的句子"予既滋兰之九畹兮，又树蕙之百亩"，认为楚人贵兰贱蕙。黄氏的算法可能依据的是秦制，秦孝公时二百三十步为一亩，三十步为一畹，因此折算下来，屈原种植的兰少而蕙多。王贵学则以十二亩为一畹来计算，百亩和九畹的面积就差不多了，故认为黄氏的依据不充分。屈原好用浪漫主义手法，九畹和百亩当是虚指，并非有贵此贱彼之意。

其实，黄庭坚关于兰和蕙区分的论断还是弥足珍贵的。早在战国时期，屈原就说自己既滋兰又养蕙，可见当时兰和蕙是两种不同的花卉。至于究竟如何区分兰蕙，古人也没有提出切实可行的标准。一直到黄庭坚才拿出了一个比较简便易行的方案，即《书幽芳亭记》里记载的"一干一花而香有余者兰，一干五七花而香不足者蕙"，从香味程度和一茎开花的数量区分了兰和蕙的不同。该结论一直得到后人认可，似乎以一茎几花就可以简单明了地辨别兰和蕙。清代艺兰家杜筱舫在《艺兰四说》中特别指出："其一荄一花放于春初者，是为春兰，乃真兰也。一干而数花世称九节兰者，则名兰而实蕙。"杜筱舫尽管对黄氏的说法有怀疑，但他认为此说用来区分春兰和蕙却是方便可用的。而当代的养兰专家则根据书中记载和实践观察发现，春兰倒是有一茎单花和一茎多花两种，但建兰多为一茎多花，虽然偶尔也能见到一茎一花，其他的兰花，如报岁兰、寒兰、夏蕙等也是一茎多花，还未见过一茎一花的。可见黄氏的论断是有条件限定的，并非放之四海而皆准的通则。当然，蕙现在已然成为兰花庞大家族中的一大成员——蕙兰，兰和蕙的区别也就渐渐不再被人们提起了。

天下深山穷谷①，非无幽兰。生于漳者②，既盛且馥③，其色有深紫、淡紫、真红、淡红、黄白、碧绿、鱼鲅、金钱之异④。就中品第⑤，紫兰：陈为甲，吴、潘次之，如赵，如何，如大小张、淳监粮、赵长泰峡州邑名⑥，紫兰景初以下又其次，而金棱边为紫袍奇品。白兰：灶山为甲，施花、惠知客次之，如李，如马，如郑，如济老、十九蕊、黄八兄、周染以下又其次⑦，而鱼鮀兰为白花奇品。其本不同如此，或得其人，或得其名，其所产之异，其名又不同如此。

【注释】

①穷谷：深谷，幽谷。

②漳（zhāng）：漳州，武则天垂拱二年（686）置。贞元二年（786），漳州治所迁往龙溪（即王贵学家乡），改称漳州郡。

③馥（fù）：香气，文中当指兰具有香气。

④真红：正红，深红色。鱼鮀（shěn）：原指鱼卵或者鱼头骨之意，又有读为"chén"，义同"沉"。此处指香草名，为建兰的一种，颜色类似于灰白色。

⑤就：代词，相当于"此"、"其"。

⑥泰：宛委山堂本《说郛》作"秦"，涵芬楼本《说郛》亦作"秦"，后文多处"长泰"皆作"长秦"，秦字乃泰字之讹误也，今径改之，不另具文。杨按："峡州邑名"四字小于正文字体，为后世注文，未知何所出焉。考峡州，北宋改硖州而置，治所在夷陵县（今湖北宜昌），辖境相当于今湖北宜昌、枝城、长阳、远安等地。与《王氏兰谱》所言漳泉之地，谬之千里也。闽南自有长泰县，唐乾符三年（876）置武德场（属南安县），元德元年（885）改武胜场，后称武安场。五代南唐保大十三年（955）升为长泰县，属泉州，治所即今福建长泰。北宋太平兴国五年（980）改属漳州。

⑦十九蕊：后文作"九十蕊"。杨按：《广群芳谱》亦作"九十蕊"。

【译文】

天下深山峡谷，并非没有幽兰生长。但出产于漳州的兰花，茂盛芬芳，其颜色有深紫、淡紫、正红、淡红、黄白、碧绿、鱼鮀、金钱等差别。其中品第高下，紫兰的品种中：陈梦良冠绝紫兰诸品，吴兰、潘花次一等，像赵十使、何兰、大小张青、淳监粮、赵长泰等品种都属于这一

兰石图

品第，紫兰中许景初品种以下的又差一等，其中金棱边是紫花兰中的奇品。白兰的品种中：以灶山为首，施兰、惠知客次一等，像李通判、马大同、郑兰、济老、仙霞九十蕊、黄八兄等品种都属于这一品第，周染品种以下则又差一等，其中鱼鲩兰是白花兰中的奇品。兰花的诸多品种有着上述的差异，有的根据种植的人来命名，有的根据兰的形态来命名，有的根据产地不同来命名，因此兰花的名称也有着这样大的差异。

【点评】

子曰"必也先正乎名"，王贵学在《兰谱》中也首先想了到要给建兰定名分，立规矩，划分品第类目，然后才便于分门别类进行叙述。

在述及建兰品第之前，我们先来了解一下建兰的两大分类：紫兰和白兰。此分类法最早见于南宋赵时庚的《金漳兰谱》。紫兰和白兰可能是当时约定俗成的分类法，因此赵时庚和王贵学都没对此进行详细解说。《艺兰秘诀》里对此的解释是："花之颜色众多，而大别之约分为二大类，紫与白是也。"也就是说，此分法大致是根据颜色划分的。紫兰主要是指花色有红有紫的兰花，以深浅而论，有深红、淡红、深紫与淡紫色的区分；而白兰则是指花色为黄、白、绿、碧、鱼鲩等色的兰花。

那么，划分建兰品第高低的时候为什么紫兰在前，白兰在后呢？可惜文中也吝于透露。事实上，并非王贵学不愿透露，而是实在难以言传。尽管宋代艺兰赏兰进入了全盛时期，但赏兰的理论尚未成熟，今人用以辨别兰花品第高下的"瓣型理论"则是迟至清时才出现的。既然宋人对兰花的赏识未细致到花瓣形态的程度，那么宋代是以何标准区分兰花孰优孰劣的呢？在《金漳兰谱》中，赵时庚首先排除了以叶之坚软和花数多少来评价兰花品种优劣的可能性。因为尽管每品兰花的花数、叶质各有差异，但此两者跟后天因素即人的栽培密切相关，照顾不周的话，即便是好花也会养败。如果根据这两种因素来"知兰之高下"，很容易被表象所误导，而只有从花的神韵来鉴赏，方才不会马失前蹄。那么又该以何种神韵为佳呢？赵时庚继续说道："物品藻之，则有淡然之性在。"兰花以其秀而不媚，美而素雅之容蕴含了淡泊和甘于寂寞的品性，迎合了中国文人雅士关于修身养性的要求，因此饱含"淡然之性"的兰花才更容易受到精英阶层的青睐，其身价自然也就会水涨船高。

赵时庚还在《金漳兰谱》中交代，品评兰花是"眼力所至，非可语也"，即赏识兰的"淡然之性"全凭个人眼力犀利与否，而且只能意会，靠心性去体悟，不能言传。当时人们赏兰以颜色淡雅或挺立如君子的品种为贵。另外，评定品第高下时完全不考虑叶和花数的因素也不现实，纵观紫兰和白兰的品第，排于末尾的多半是一茎花数不足十朵，或者叶散乱而不太美观的品种。由此而知，宋时人品评兰花优劣主要以花色为准，但同时也兼顾了兰花的整体姿态。

由于宋代的赏兰理论尚不系统，没有形成普遍认可的模式，因此兰花的命名也很原始和单纯。据《兰花鉴赏和栽培要诀》总结，古代兰花主要有以下几种命名方式：

1.使用发现者姓名作为兰蕙名称。如陈梦良、许景初等。

2.使用培养者姓名作为兰蕙名称。如萧仲和。

3.使用官衔为兰蕙命名。如淳监粮、李通判、黄殿讲等。

4.以绰号为兰蕙名称。如黄八兄。

5.以产地或兰蕙特征命名。如灶山、夕阳红、弱脚、鱼鲅、石门红等。

这些命名方式很随意，大部分不能从名称来判断该品种的特征。另外，除鱼鱿兰外，《王氏兰谱》中记载的大多数品种都已经失传了，更使后人难以考证并将其重新归类，这不能不说是一种遗憾啊。

灌溉之候

涪翁曰："兰蕙丛生，莳以沙石则茂，沃以汤茗则芳。"①予于诸兰，非爱之大，悉使之硕而茂②，密而蕃③，莳沃以时而已。一阳生于子④，根荄正稚⑤，受肥尚浅，其浇宜薄⑥。南薰时来⑦，沙土正渍⑧，嚼肥滋多⑨，其浇宜厚。秋七八月预防冰霜，又以濯鱼肉水或秽腐水⑩，停久反清，然后浇之。人力所至，盖不萌者寡矣。

【注释】

①"涪翁曰"句：黄庭坚《书幽芳亭记》："兰蕙丛出，莳以砂石则茂，沃以汤茗则芳，是所同也。""兰蕙丛出"王贵学《兰谱》作"兰蕙丛生"。丛生，草木聚集在一起生长。莳（shì），栽种，培养。沃，灌溉，浇水。汤茗，茶水。兰生长需酸性土，但茶水呈碱性，不宜浇兰。故文中所说的汤茗当指绿色肥料。

②悉：悉数，全都。

③蕃（fán）：茂盛。

④一阳生：冬至后白天渐长，古代认为是阳气初动，所以冬至称为一阳生。

⑤根荄（gāi）：草根。

⑥薄：少，小。

⑦南薰（xūn）：和煦的南风。传说虞舜弹五弦琴，造《南风》诗，诗中有"南风之薰

兮,可以解吾民之愠兮"之句。

⑧渍（zì）：湿润。

⑨嚼（jiáo）：用牙齿咬碎，文中指吸收的意思。滋多：增多。

⑩濯（zhuó）：洗涤。秽腐水：腐败变质的臭水。

【译文】

黄庭坚在《书幽芳亭记》中说："兰蕙聚丛萌发的时候，用沙石培植就会茂盛，用绿肥灌溉就会芬芳。"我对各种兰花，并没有希望她们长得十分壮大，但她们全都健硕丰茂，繁密茂盛，这只不过是我按时培植和浇灌罢了。冬至建子之月过后，兰花的根芽正稚嫩，所需肥料不多，应少浇水。等到和煦的南风吹来的时节，沙土恰好湿润，兰花需要吸收较多肥料，应多浇水。秋季七八月间，应当注意预防霜冻。浇水时最好选用洗鱼洗肉的水，有的用腐败变质的臭水，放置使其杂质沉淀，然后再取上面的较清的肥水浇灌。只要肯于下工夫，大概兰花不发芽生长的情况就很少了。

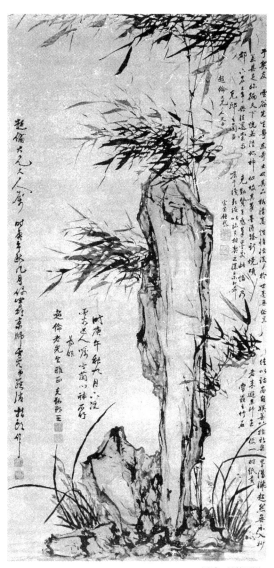

罗清《兰竹石图》

【点评】

俗语有云"三分种，七分管"，要想欣赏到兰花的出尘花姿和清幽香味，平时必须辛勤莳弄，这里面便要涉及养兰的技巧问题了。在《兰谱》中，王贵学根据自己多年的经验积累，主要讲述了"时"、"肥"、"水"三字秘诀。

首先，肥料的选择很重要。兰花主要吸收氮、磷、钾三种元素，"氮助叶，磷助花，钾添力"，因此齐备的营养元素是保证干硕叶茂花美的必要条件。谱中推荐用来浇灌兰花的洗鱼洗肉水，富含蛋白质，发酵后形成氮肥，而秽腐水则含有不同比例的氮磷钾成分，因此洗鱼洗肉水或秽腐水都能够确保兰花植株对三种元素的吸收，并且极易获得，简便易行，是古人常用以浇花的肥水。

其次，施肥浇水要因时而异，把握时宜。王贵学的经验之谈是"莳沃以时"，即施肥浇水要随着季节转移而变化，还要根据植株的生长状况而有所不同。当兰花植株处于幼苗成长期时，所需肥料不多，为了保护幼嫩的根系，不宜多施肥，否则就会出现"肥料留于泥中，其气蒸郁，转根腐而叶败"的现象。《艺兰四说》里特别告诫"兰蕙初种，皆不宜用肥"的原因即在于此。到了夏季，沙土湿润，植株处于生长旺盛期，正需要吸收较多肥料。如果勤加施肥，植株就会茁壮挺拔，叶子修长。而八月之后施肥的目的则是保持植株叶子茂盛，主要是为了预防霜冻。这一时段如果没有下足工夫的话，可能导致来年植株不开花。

最后，施肥还要掌握一大原则，即薄肥多施。兰花每年的生长量很少，所需肥料也很少，土壤和灌溉中的肥分已经足够。如果施肥过多，浓肥需要稀释，因为直接施浓肥会使得土壤溶液的浓度过高，势必会析出兰花肉质根里的水分，导致兰花"呛肥而死"（也称烧根）。另外，一些性烈的动物肥不可以直接用做鲜肥，必须"停久反清"即经过充分的发酵腐熟，还要加水稀释之后，方能用于浇灌兰花。

分拆之法

　　予于分兰次年，才开花即剪去，求养其气而不泄尔。未分时，前期月余，取合用沙，去砾扬尘，使粪夹和 鹅粪为上，他粪勿用，晒干储久。逮寒露之后①，击碎元盆②，轻手解拆，去旧芦头③，存三年之颖④。或三颖、四颖作一盆，旧颖内，新颖外。不可太高，恐年久易隘。不可太低，恐根局不舒。下沙欲疏而通，则积雨不渍。上沙欲细则润，宜泥沙顺性。虽橐驼复生⑤，无易于此。

【注释】

　　①逮：到，及。寒露：二十四节气之一，在秋分后15日，一般在公历10月8日或9日。古人认为寒露有三候，即"一候鸿雁来宾，二候雀入大水为蛤，三候菊有黄华"，表明大部分地区进入了秋季。

　　②元：通"原"。

　　③芦头：大多数兰属植物的茎膨大而短缩，称为假鳞茎，因品种不同而形状各异，有圆形的、有扁球形的、有圆柱形的等等，状似小蒜头，也称"龙头"、"蒜头"。

　　④颖：草木的嫩芽。

　　⑤橐（tuó）驼：原意为骆驼，借指驼背的人。这里是指"郭橐驼"，典出自唐代柳宗元《种树郭橐驼传》一文。原文记载："郭橐驼，不知始何名，病偻，隆然伏行，有类橐驼者，故乡人号之'驼'。驼闻之，曰：'甚善，名我固当。'因舍其名，亦自谓橐驼云。"柳宗元文中先叙述郭橐驼善于种树，不仅成活率高，而且容易结果实，进而借郭橐驼之口，由种树的经验说到为官治民的道理：无论种树或治民，都要"顺天致性"，不宜违背事物的基本特性和规律。这是一篇兼具寓言和政论色彩的传记散文。郭橐驼是否确有其人，事迹已经难以考证。

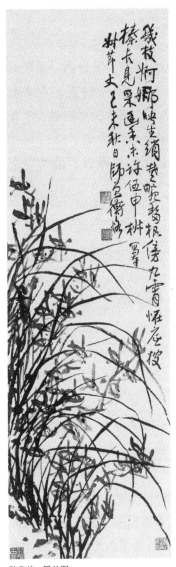

陈衡恪《墨兰图》

【译文】

　　我在将兰花分株后的下一年,待新植株刚一开花时就将花芽剪去,以求达到集中精气养分而不使之流失的目的。在对兰花进行分株的一个多月前,选好适合种植兰花的沙土,除去碎石,扬弃尘土,用粪肥与之掺杂混合,最好使用鹅粪,其他的粪不要用,然后晒干储存一段时间。等到寒露之后,打碎原来的兰盆,用手轻轻地分解开缠绕在一起的根茎,去除太老的假鳞茎,留下三年生的嫩芽。三苗或者四苗种作一盆,稍老些的苗在内层,新苗排在外层。颖株在花盆中的位置不可太高,太高的话恐怕时间长了基茎部会变得拥挤;也不能太低,太低的话恐怕根部空间局促、根茎不能舒展。花盆下层的沙土要有空隙而通畅,这样即便长时间淋雨也不会沤根。花盆上层的沙土要细而潮湿,这样泥沙就给兰花生长提供了适宜的环境。即使是最擅长种植的郭橐驼重生,对这种分兰栽兰的方法也不会有所改变。

【点评】

　　《王氏兰谱》的这一部分主要谈及对兰花进行分株繁殖的具体方法,介绍了分株过程的主要步骤和注意事项。包括新植株土壤的选择、搭配和使用,新苗的排列次序、栽种要领以及分株后的养护管理等。

　　兰花的繁殖方法有两种:一是营养繁殖,也叫做无性繁殖,就是采用分株、组织培养等方法进行植株繁育;另一种是种子繁殖,即有性繁殖,用播种的方法培育植株。

由于兰花的果实大多自身发育不成熟，需要有适当的设备条件和比较复杂的技术操作，花费较长时间才能获得活性籽粒，所以日常种植大多采用分株的方法而很少用播种的方法进行植株繁育。

分株又被称作"分盆"或"分兜"，就是将丛生在一起的假鳞茎分割，独立栽培，达到增殖的目的。这种方法相对简单、可靠，成活率高，开花也快，而且有助于保存品种的特性。大多数名贵的兰花品种为了控制数量和保证品质，多采用分株的方法进行繁殖。

兰花假鳞茎的基部一般有两个芽，生长健壮的植株两个芽都会萌发、伸长、扎根、长叶，这样就形成了新的假鳞茎，然后发育成新的植株。新的假鳞茎不断生长，老的则逐渐衰老落叶。随着兰花的植株数量不断增加，有必要对其进行分株培养。

分株的时间一般选择在兰花的休眠期。方法是找到假鳞茎之间地下茎相连的地方，将植株分开后用剪刀剪开，选择二到四个假鳞茎按照老的在内、新的在外的原则种作一丛新株。这样既为新植株创造了充足的生长空间，也为兰花的再生长提供了足够的养分。

兰花生长主要靠肥大的根部从土壤中吸收养分，因此对土壤的肥力和质地有较高的要求。在进行分株繁殖之前，要提前准备好所需土壤，以土质疏松、排水良好为宜，用暴晒、蒸馏或喷洒药剂等手段对土壤进行消毒处理，添加适量肥料后储藏待用。分株后，新植株的种植要充分考虑到它的个体差异，尤其是根部的特点，选择合适的土壤和培土高度。为了保证兰花根部的透气和滤水通畅，在所用花盆底部应先垫一层块状物，再填充颗粒较大的土壤，这样能保证底部的通透。另外，与兰花的根直接接触的土壤需要细而润，忌讳用陈土。一般情况下，兰花的根不能入盆太深，过深则根茎没有足够空间生长，不利于根对养分的吸收。假鳞茎也不能被土壤掩埋过多，主要部分应该高出土壤，这样既有利于生长也不至于因过分湿润而腐败。花盆中的培土面应当呈拱形馒头状，有助于水分的渗入。

兰花的分株繁殖，看似简单，实际操作起来却有相当大的难度，需要在栽培过程中不断积累经验，才能保证繁殖过程的顺利进行。

泥沙之宜

世称花木多品，惟竹三十九种，菊有一百二十种，芍药百余种，牡丹九十种，皆用一等沙泥，惟兰有差。梦良、鱼鲹，宜黄净无泥瘦沙，肥则腐。吴兰、仙霞，宜粗细适宜赤沙，浇肥。朱、李、灶山，宜山下流聚沙。济老、惠知客、马大同、小郑，宜沟壑黑浊沙。何、赵、蒲、许、大小张、金稜边，则以赤沙和泥种之①。自陈八斜、夕阳红以下，任意用沙皆可。须盆面沙燥方浇肥，平常浇水亦如之。而浇水时与浇肥异②，肥以一年三次浇，水以一月三次浇，大暑又倍之。此封植之法。

受养之地，靖节菊、和靖梅、濂溪莲③，皆识物真性。兰性好通风，故台太高冲阳，太低隐风。前宜向离④，后宜背坎⑤，故迎南风而障北吹。兰性畏近日，故地太狭蔽气，太广逼炎。左宜近野，右宜依林，欲引东旸而避西照⑥。炎烈荫之，凝寒晒之。蚯蚓蟠根，以小便引之。枯蝇点叶，以油汤拭之。摘莠草，去蛛丝，一月之内，凡数十周⑦。伺其侧，真怪识之。橘逾淮为枳壳，逾汝则死⑧。余每病诸兰肩载外郡，取怜贵家，既非土地之宜，又失莳养之法，久皆化而为茅。故以得活萌，贻诸同好君子⑨。倘如鄙言，则纫为裳，揉为佩，生意日茂，奚九畹而止！

【注释】

①和（huò）：在粉状物中搅拌或揉弄使粘在一起。

②"而浇水时与浇肥异"以下四句：此数句宛委山堂本《说郛》与涵芬楼本《说郛》有较大出入。涵本作"而浇水时与浇肥相倍蓰，浇肥以一年三次浇"，蓰（xǐ），五倍。倍蓰即数倍、多倍。今从宛本。

③靖节：即陶渊明（约365—427），东晋末年南朝宋初著名诗人。一名潜，字元亮，

浔阳柴桑(今江西九江)人,谥靖节先生。他非常喜爱菊花,宅边遍植菊花,诗词也多歌咏菊花。《饮酒》中"采菊东篱下,悠然见南山"之句已成为千古绝唱。后世谈到菊花必与陶渊明联系起来。和靖:即林逋(bū,967—1028),字君复,钱塘(今浙江杭州)人。北宋诗人,卒谥和靖先生。隐居西湖孤山,赏梅养鹤,终身不仕不娶,时人称其"梅妻鹤子"。濂溪:即周敦颐,其文《爱莲说》脍炙人口。

④离:八卦之一,代表火,正南方之卦位。文中指南方。

⑤坎:八卦之一,代表水,正北方之卦位。文中指北方。

⑥引:导引,带领。这里引申为迎着的意思。旸(yáng):太阳出来。

⑦周:回,次数。

⑧橘逾淮为枳殻,逾汝则死:杨按:此句诸版本颇有歧义。依《周礼·考工记序》:"橘逾淮而北为枳,鸲鹆(qú yù,鸟名,俗称八哥)不逾济,貉逾汶则死,此地气然也。"有版本将"殻"径改为"貉",将"汝"径改为"汶",则为"貉逾汶则死"。本文从较早之宛委山堂《说郛》本,句读为"橘逾淮为枳殻,逾汝则死",亦可疏通。枳殻(zhǐ qiào),即枳实,枳之子实。枳,落叶灌木或小乔木,小枝多刺,果实黄绿色,味酸不可食,可入药,亦称"枸橘"。汝,汝水,淮河支流。今分北汝河和南汝河。

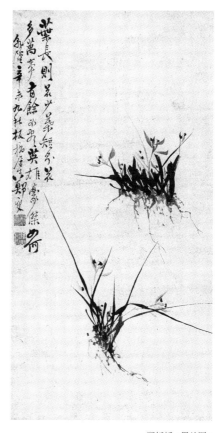

郑板桥《墨兰图》

⑨贻（yí）：赠送。

【译文】

世人常称道花树种类繁多，单是竹子就有三十九种，菊花有一百二十种，芍药有一百多种，牡丹有九十种，都是用某一类型的土壤种植，唯有兰花，不同品种所需的泥沙有所差别。梦良、鱼鲛，适宜选用黄色干净且没有泥土掺杂的瘦沙，肥沙则容易使其根茎腐烂。吴兰、仙霞，应该选用粗细适中的赤沙，而且还要经常浇肥，保持养分。朱兰、李通判、灶山，应该选用山下水流冲聚起来的沙土。济老、惠知客、马大同、小郑，适宜选用山沟深谷中的黑浊沙。何首座、赵十使、蒲统领、许景初、大小张、金稜边，则要用赤沙与河泥的混合土种植。从陈八斜、夕阳红以下，随意选用土壤都能种植。必须在盆面的沙土干燥时才能浇肥，平常浇水也是这样的。然而浇水的次数与浇肥的次数有差异，肥按一年三次来浇，水则按一个月三次来浇。特别是到大暑时节，又要加倍浇水。这就是壅土培兰的方法。

适宜养花的地点，如陶渊明种菊花于东篱，林逋养梅于孤山，周敦颐爱莲于濂溪，都是发现了植物的生长习性。兰花生性喜好通风，因此花台太高，兰花就会受太多阳光，花台太低则通风不畅。花盆前面应该对着南方，后面应该背向北方，这是为了对着南风而避免被北风吹伤。兰花生性怕晒太阳，因此种植兰花的地方太狭窄会气流不畅，太宽阔则容易被阳光直射。左边最好靠近旷野，右边适宜挨近山林，这是为了接受东边日出的煦光照射，而避开日头偏西时的强光直射。天气炎热，阳光强烈时要为兰花遮阴，天气寒冷时又要让它晒晒太阳。有蚯蚓生长在兰花的根部，应用小便将它去除。苍蝇等昆虫弄脏了叶子，要用油汤将它擦拭干净。平时摘除莠草，扫去蛛丝，每个月里总要这样照料数十次。守在它旁边仔细观察，生长过程中的各种情况都要进行了解。橘树越过淮河以北种植，结出的果实就变成了枳实，再越过汝水就不能生长了。我时常担忧那些被花商贩卖到其他地方，供富人赏玩取悦的兰花，既没有适合它们生长的环境，又得不到及时照料培养，时间长了都变成了一般的茅兰。所以，我把自己培育的鲜活兰苗，赠送给那些同样喜好兰花的君子们。如果他们真能遵循我所说的种植方法，那么就能养好兰花，享受兰花带来的幽雅意境和舒服惬意。兰花生机勃勃，日益茂盛,又怎么能只种植九畹那么多呢?

【点评】

在《泥沙之宜》这一章,王贵学将自己多年积累,行之有效的养兰经验全部贡献出来,谈到了培兰过程中土壤的选用、种植环境的选择以及日常管理中的浇肥、浇水和病虫害防治等内容,尤其对各种兰花适用的土壤类型进行了详细介绍。

大多数兰花品种都经历了从野外采集再到人工培育的栽培过程,这些兰花的原生地多在山谷和密林之中。它们的根茎成肉质,多没有须根,具有很强的保水性,喜欢在凉爽、湿润、透气、排水性能良好且营养丰富的偏酸性土壤中生长,忌讳用干燥、黏性大、水渍或碱性土壤栽种。我国兰花种植的历史悠久绵长,古人对各种兰花的栽培用土都有比较深入的了解和分类,总结出了大量的经验和技术。如今,兰花种植者除了沿袭古人的用土方法之外,还研究出了更多的选择、加工和复配方法,但是基本的选土、用土仍坚持以下原则:一是土质结构具有良好的排水透气性;二是质地偏酸,无污染、无菌虫和病毒潜伏;三是培土含有丰富的营养成分。在具体的栽种过程中,需要根据不同的兰花品种进行土壤的配比,不能为了追求高肥力或某一方面的优势而一土多种,错误的种植方法不仅不会促进植株生长,严重的还会适得其反,导致兰花枯萎死亡。

兰花种植除了土壤选择适宜外,还要掌握恰当的浇水、施肥的方法。盆土应长期保持"润而不湿",浇水过勤过多,会使盆土过分黏重,致使根部透气不良,呼吸作用受到阻碍,严重时会引起根部腐烂,植株坏死。盆土过于干燥,则同样会影响兰花的正常生长,长期不浇水会导致植株生长缓慢,花期推迟,严重的叶片会变得枯黄。对盆栽的兰花应使用水盆浸泡和喷洒结合的方法浇水,即将花盘放入水盆中,浸透后立刻取出,同时对叶片喷水。一次浇透之后,须等到盆面变干才能再次浇水。

大多数花卉都要进行光合作用,"阴茶花,阳牡丹,半阴半阳四季兰",这则谚语就是人们长期栽培花卉的经验总结,不同的花草对光照的需求各有不同,适宜兰花生长的光照条件是"半阴半阳"。由于大多数兰花原生于山林之中,养成了耐阴,惧怕强烈阳光直射的习性。不同的光照条件，对兰花的叶色、长势、花期、花色和新芽萌发都有影响。古人养兰口诀说"爱朝日、避夕阳，喜南暖、畏北凉"，准确的概括了兰花日常生长对光照和环境的要求。因此，在兰花的日常种植管理过程中，必须依据季节和兰花品种的差异，采用种树、搭棚、搭架或挪动花盆等方法，对兰花的光照进行适宜调节。

兰花有喜欢通风透气的习性，在调节兰花光照的同时，还应注意兰花的通风。风既可以吹走浊气，带来新鲜空气，也能加速水分挥发，调节湿度和温度，从而加速植株的新陈代谢，增进水分和养分的吸收，促进生长。无论是盆栽还是搭建花棚，都应该考虑到通风透气。尤其是在搭建花棚或建盖花室时，由于我国地处北半球，西临高山，东靠大海的地理大环境，在大多数地方，坐北朝南的花室建筑方位不仅可以改善和调节光照，更能保障良好的通风透气效果。

养兰须用"心"来养，既要享受其中的乐趣，更要学会体味其中的艰辛。想要欣赏到美丽的兰花，除了为其准备好各种生长必需的条件之外，还应该时刻注意对病虫害的防治，掌握正确的防治方法，保证兰花的正常生长。待到兰花开放时，邀约兰友，品着兰香，赏着兰韵，一面交流养兰花经验，一面享受辛苦后的喜悦，那种"天人合一"之味是多么惬意的一种享受啊！

紫　兰

陈梦良。有二种，一紫干[①]，一白干。花色淡紫，大似鹰爪，排钉其疏[②]，壮者二十余萼[③]。叶深绿，尾微焦而黄。好湿恶燥，受肥恶浊。叶半出架而尚抽蕊，几与叶齐而未破。昔陈承议得于官所而奇之，梦良陈字也[④]。曾弃之鸡埘傍[⑤]，一夕吐萼二十五，与叶俱长三尺五寸有奇，人宝之，曰"陈梦良"。诸兰今年懒为子，去年为父，越去年为祖，惟陈兰多缺祖，所以价穷⑥。其叶森洁，状如剑脊，尾焦。众兰顶花皆并俯，惟此花独仰，特异于众。

【注释】

①干：大多数兰属植物的茎膨大而短缩，形成假鳞茎，是一个储藏水分和养分的器官，俗称"芦头"或"蒜头"。这里的"干"则指的是兰花花莛（tíng）中的花轴部分。花莛，俗称"箭"或"花箭"，包括花轴和花序两个部分。但在一般园艺栽培上多将两者混为一谈，说者方便而已。

②钉：同"饤（dìng）"，罗列之义。排饤即指排列。

③萼：在花瓣下部的一圈叶状绿色小片。这里代指花苞。

④"昔陈承议"二句：陈承议即陈梦良，字与叔，福建长乐桃坑人。朱熹为躲避伪学之禁，曾经住于其家，随其受学。承议即承议郎，是宋朝寄禄官名。北宋神宗元丰三年九月，由左右正言、太常博士、国子博士阶改，为文臣京朝臣三十阶之第二十三阶，从七品。杨按：宛委山堂本《说郛》作"陈梦良字也"，系窜误。

⑤坶（shí）：古代称在墙壁上挖洞做成的鸡窝。

⑥穷（qióng）：高。

兰花图

【译文】

陈梦良兰，有两个品种，一种花轴是紫色，另一种花轴是白色。花朵呈淡紫色，大小和鹰爪差不多，排列得很松散，长势茁壮的能开二十余朵花。叶片深绿色，叶尖部位略微干燥呈现焦黄色。生性喜欢湿润，不耐干燥，施肥清淡，不能浊多。叶片才有一半长出了花架就开始抽蕊，等到花蕊长得几乎和叶子一样高的时候却还没有开苞。以前，陈承议在官署里见到这种兰花，认为是奇异的兰种而引种回家，梦良就是他的字。起初这种兰被随意栽种在鸡窝旁边，然而一夜之间长出了二十五朵花蕾，花莛和叶子都高达三尺五寸多，人们视其为珍贵的品种，称呼它为"陈梦良兰"。大多数兰花当年新萌发的为子辈，去年的旧根则为父辈，去年以前的则为祖辈，然而唯独陈兰大多没有祖辈，也就是说几乎没有活过三年的，因此价格较高。陈兰的叶子繁盛整洁，形状像剑脊，叶尖微微焦黄。大多数兰花的顶花都向下开放，只有陈兰的顶花朝上开放，非常特别，与众不同。

【点评】

陈梦良兰名冠众兰之首，是兰花中的珍品，《王氏兰谱》详细介绍了这种兰花的主要特点、培育时的注意事项以及它花名的来历。与其他兰花品种相比，陈梦良兰最大的特点在于它的顶花向上开放，形成仰角，傲视苍穹，似与天语。可惜现在陈兰已经失传或者变异成其他品种，因而难以细知其形态特征，不过，从它身上还是可以窥测到一些兰花分类定品时的参考特征。

在同样成书于南宋时期的《金漳兰谱》中，作者赵时庚对陈梦良兰的描绘更为传神。在赵时庚眼中，陈梦良兰"花头极大，为紫花之冠。至若朝晖微照，晓露暗湿，则灼然腾秀，亭然露奇。敛肤傍干，团圆心向。婉媚娇绰，伫立凝思，如不胜情"。可见，作者不惜将最美好的词汇都堆砌给了陈兰，勾勒出一幅美丽绰约的"兰花图"。图中陈兰亭亭玉立，繁花顶露，恍若淑女，若有所思。花瓣和叶片上的晨露映着朝晖，欲滴还羞，衬托着紫色的花朵和青绿的兰叶，清秀中不乏娇媚，典雅中不失灵动。"不胜"二字将陈兰婉媚而淑雅，娇绰亦文静的神韵描摹得惟妙惟肖，堪称点睛之笔，可比绝世之椽。

据赵时庚记载，陈梦良兰的叶片"尾如带，微青。叶三尺，颇觉弱，黯然而绿。背虽似剑脊，至尾棱则软薄斜撒。粒许带缁（zī，黑色），最为难种，故人稀得其真者"。明代高濂所著《遵生八笺》中也认为紫兰中陈梦良兰属于一等中最好的品种，最难培植，也是价格最高的。他还指出，陈梦良兰的叶片虽然像剑脊，但顶端软而薄，斜垂下来。将这些特点与王贵学所记载的叶片顶端焦黄相结合，看着森绿修长的叶片尖端一缕焦黄，有如丝带随风摇曳，是何等的优美！也难怪它能成为紫兰中的魁首了。

吴兰。色深紫，向吾得于龙岩漳州县名铁矿山铁丛①。石心而婉媚，叶之修绿冠诸品。得所养则蕊歧生，有二十余萼。性颇受肥。亭亭特特②，隐然君子立乎其前。

初成翁。本性有仙霞，色深紫，花气幽芳，劲操特节，干叶与吴伯仲③，特花深耳。

【注释】

①向：从前。龙岩：唐天宝元年（742）改杂罗县为龙岩县，治所即今福建龙岩。唐大历十二年（777）龙岩县属漳州。

兰花图

②亭亭:高耸直立的样子。

③伯仲:古代以伯、仲、叔、季表示兄弟之间的年龄大小顺序。后用来比喻相差很小,难分优劣。

【译文】

吴兰,颜色深紫,是我以前在龙岩县(漳州所辖县)铁矿山的铁石丛中采到的。它的花心饱实,花姿温婉娇媚,叶片碧绿修长,叶相在众多兰花中属于最好的。栽培方法得当就会分生花蕊,能长出二十多朵花。本性喜受肥料灌溉。兰株高耸挺立,隐约看去像一位君子站立在面前。

初成翁兰,本性和仙霞兰相近,颜色深紫,气味幽香芬芳,韧叶单莛,花莛、叶片和吴兰都差不多,只是花的颜色较深罢了。

【点评】

如果说王贵学在描述吴兰时注重以意见胜的话,那么吴兰的优美花姿从赵时庚的《金漳兰谱》中可窥一斑。赵时庚在记载吴兰时说:"色映人目,如翔鸾翥(zhù,鸟向上飞)凤,千态万状。"吴兰那深紫的颜色最为引人注目,甚至令人眩目,也可堪称是兰中的奇品了。其花姿更是千变万化,令观者无以言表,赵时庚遂用翔鸾翥凤来概括,须知鸾凤皆是神鸟,想必吴兰也仙姿绰约吧。不过,《王氏兰谱》中记载吴兰"性颇受肥",而《金漳兰谱》则记载吴兰"不堪受肥,须以清茶沃之",二者相去甚远,或许是吴兰的原生地与移栽地有所差异,移栽后为营造原有的生长环境而采用了不同的施肥方法,姑且存疑吧。

吴兰花干亭亭玉立,叶片刚毅劲节,花叶参差,错落有致,宛若一位儒雅淡定的君子临风挺立,傲然于世俗之间。它那修长飘逸的翠叶衬托着清雅深紫的花瓣,悬诸石崖而悠然自得,置于厅堂却不炫不亢,给人以无尽的遐想,钦敬之情油然而生。古今文人墨客赏兰、敬兰、爱兰,无不珍视兰花不择地而长,不因人而香的洒脱君子品质。在中国古代,爱兰者大有人在。"梅妻鹤子"是林逋惜梅爱鹤的佳话,而爱兰赏蕙者对兰草的那份执著与恋情,也丝毫不逊于孤山梅庄主人。宋末元初著名画家郑思肖(1241—1318),爱兰成癖,终身未娶,以兰为妻。南宋末年，郑思肖应博学宏词科，曾任太学士。南宋灭亡以后，郑氏隐居吴中（今江苏苏州），终生不仕。他从小就对兰花痴迷，经常徘徊在自家花园的兰花圃中，一边帮助大人照料兰花，一边专心欣赏兰花的姿态，凝神静思，将兰花的各种姿容烂熟于胸，为其成年后画兰如神积累了丰厚的生活经验。郑思肖所画兰花有如神品，不但新鲜得如同和露摘下，而且隐隐如闻花香，"人争购之"，后世尊称其为"画兰宗师"。据说他画的兰花中唯一存世的真迹，现藏于日本大阪市立美术馆。画中作者画兰而不画土，寓意国土遭到践踏，兰花不愿着生其上，表现了郑思肖以兰花为楷模，傲然不屈的高尚爱国节操。

赵十使[①]。即师溥[②]。色淡，壮者十四、五萼。叶色深绿，花似仙霞，叶之修劲不及之。

【注释】

①赵十使：杨按：《金漳兰谱》作"赵十四"，其谱云："赵十四，色紫，有十五萼。初萌甚红，开时若晚霞，燦日色更晶明。叶深红者，合于沙土则劲直肥耸，超出群品。亦云赵师博，盖其名也。"

②师溥：杨按：《金漳兰谱》作"师博"，《广群芳谱》亦作"师博"。

【译文】

赵十使兰，即赵师溥兰。颜色淡紫，茁壮的兰株能开十四、五朵花。叶片颜色深绿，花形与仙霞兰的花形相似，只是叶片的修长和韧劲程度赶不上它。

【点评】

赵十使兰的叶片在长度和韧劲方面赶不上白兰中的仙霞兰，花形也没特别之处。因此乍一看，赵十使兰的特点并不明显。然而，若是结合赵时庚在《金漳兰谱》中对赵十使兰的描述，我们便不禁惊异其变化多端和绚丽多姿了。同样是紫兰，赵十使兰的花朵刚刚长出时颜色鲜红，待到花朵绽放时则变得如同晚霞一般夺目，整个花朵晶莹剔透，着实令人赏心悦

秋兰文石图

目。但是赵、王两人在描述赵十使的叶片时，言辞迥异。王贵学认为它的叶片在修长和韧劲上赶不上仙霞，而赵时庚却认为它的叶片"劲直肥耸，超出群品"。由于这种兰花已经失传，具体谁的描述更加可信已经无从考证了，但是自古以来人们爱兰，就不仅仅局限在对花色和花香的赏玩之上，还体现在对兰叶叶形和叶姿的追寻之上。

兰花叶片的姿态是评价兰花品种和观赏价值的重要标志之一。明代诗人张羽有一首《咏兰叶》诗云：

泣露光偏乱，含风影自斜。

俗人那解此，看叶胜看花。

"看叶胜看花"一句道出了赏兰的又一大诀窍，简单明了，发前人之所未发。兰花的叶片大致可以分为两种：一是带形，上下几乎等宽，常见的春兰、惠兰、墨兰、建兰等叶片均属带形；一是椭圆形或卵状椭圆形，宽而短，基部狭窄为长柄，比如兔耳兰的叶片。那么，古人为什么欣赏兰叶呢？一是兰花花期只有月余，而兰叶则可全年欣赏，不受时节限制。二是部分兰花的叶片具有一定的药用价值。比如建兰的叶片就可入药，《泉州本草》载其叶"主治肺痈肺热，发热咳嗽，咯血，咳血"。兰叶的功效使得一部分人认为兰叶更具人情味，不似兰花般有某种距离感。另外最主要的是从兰叶的直与曲中，古人体悟到了柔中有刚，飘逸自然的人生哲理。兰叶疏密有致，劲拔弯垂，秀逸飘举，将君子为人处世能屈能伸，温良有力的特征展现得淋漓尽致。因而在中国文人的诗画中，兰叶总是比兰花更为夺人眼目，唐代著名诗人张九龄的"兰叶春葳蕤（wēi ruí，形容枝叶茂盛）"就是咏叹兰叶的千古名句之一。

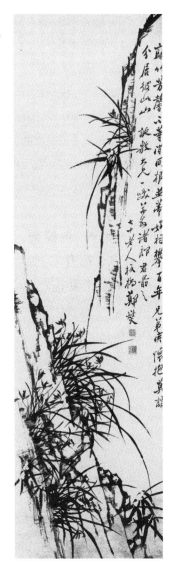

　　何兰。壮者十四五萼，繁而低压，冶而倒披①。花色淡紫，似陈兰。陈花干壮而何则瘦，陈叶尾焦而何则否。或名潘兰，有红酣香醉之状②。经雨露则娇，因号"醉杨妃"。不常发，似仙霞。

【注释】

　　①冶：艳丽，妖媚。
　　②酣（hān）：原来饮酒尽兴貌，引申为浓烈，旺盛。

【译文】

　　何兰，苗壮的兰株能开十四、五朵花，花朵繁盛而低垂下压，形态艳丽而披散倒挂。花瓣呈淡紫色，花形与陈梦良兰相似。陈兰花轴粗壮，何兰花莛纤瘦。陈兰的叶尖焦黄，何兰的叶片则没有这一特征。有的人也把何兰叫做潘兰，花朵繁盛倾斜，有酒后香醉之态。若是经过雨露洗礼则越发娇媚，因而又被称为"醉杨妃"。何兰并不经常开花，习性与仙霞兰类似。

【点评】

　　兰花虽然号称"花中君子"，每每以谦谦君子的形象展现于世人面前，然而它又何尝不似妖媚轻柔，窈窕绰约的少女呢。实际上在咏兰文学中，兰花以女性形象出现的例子也

兰竹芳馨图

不在少数，艳冶若醉，似真似幻的何兰就是一个典型的代表。

与《王氏兰谱》不同，《金漳兰谱》中记载的何兰与潘兰有所差异，并没有列为同一品种，《遵生八笺》中也称何兰与潘兰不同。由于物换时移，今人已经没有办法仔细体察二者的差异究竟如何，但是我们却可以从古人的记载中，看出何兰与潘兰有着花姿艳丽的共同特点，这与其他兰的淡雅含蓄是迥异其趣的。赵时庚说，潘兰"艳丽过于众花"，"绰约作态，窈窕逞姿，真所谓艳中之艳，花中之花也"。将何兰和潘兰的这些特点与"贵妃醉酒"联系起来，名之为"醉杨妃"，真可谓恰如其分。高贵典雅的君子之兰，却原来还有如此冶艳妖娆的一面，一时间真让人拍案称奇。

　　大张青。色深紫，壮者十三萼，资劲质直①。向北门，张其姓，读书岩谷，得之。花有二种，大张花多，小张花少。大张干花俱紫，叶亦肥瘦胜小张②，悭于发花③。

【注释】

　　①资：禀赋，性情。直：宛委山堂本《说郛》作"真"，涵芬楼本《说郛》作"直"，从涵本。

　　②叶亦肥瘦胜小张：此句诸版本差异较大，有版本于"瘦"和"胜"二字之间嵌一"各"字，则为"叶亦肥瘦各胜，小张悭于发花"。本文从宛委山堂《说郛》本。（杨按：后文有专条论"小张青"，似不应于同谱之中奢墨小张而惜墨大张如"各"版者。）

　　③悭（qiān）：吝啬。

【译文】

　　大张青兰，颜色深紫，生长茁壮的兰株能开十三朵花，花性干劲挺拔。以前北门张某在岩谷读书时得到了此种。这种兰花有两种，大张青花开得多，小张青花朵少。大张青的花轴和花朵都呈紫色，叶子在宽窄和修长方面都超过小张青，并且难于开花。

蒲统领。色紫，壮者十数萼。淳熙间^①，蒲统领引兵逐寇^②，忽见一所，似非人世，四周幽兰，欲摘而归。一老叟前曰："此兰有神主之，不可多摘。"取数颖而归。

【注释】

①淳熙：南宋孝宗赵眘（shèn）第三个年号，使用时间为1174—1189年。

②统领：军职名。绍兴五年十二月初一，南宋始设统领官，为军一级编制单位副长官，位次在统制官之下，正将之上。

【译文】

蒲统领兰，紫色，生长茁壮的兰株能开十多朵花。淳熙年间（1174—1189），蒲姓统领率兵驱逐贼寇，突然发现一个地方，似乎并非人间所有，四周满是幽香的兰花，于是他想摘些兰花回来。一位老者走上前说道："这个地方的兰花归神仙所有，不能多摘。"蒲统领遂取了几株幼苗就返回了。

【点评】

兰花得名最神秘的莫过于蒲统领兰。蒲统领于剿贼行军中偶然发现"世外兰园"，并得老叟指点，携颖以归的故事其实并不是故弄玄虚，而是暗含了"兰花之幽并不世得"的主旨。

兰花生于幽谷，长自深林，不与群芳争宠，不求闻达于世，然而其沁人心脾的幽香和含蓄典雅的姿容，不随势俯仰，清雅高洁的操守，却早已经超越了深林幽谷，成为古人心目中所追求的君子至美的德行和品质。这种花品与人品的融合，是天人合一哲学思想的直接体现，从而也使得人们对兰花的歌咏与热爱有了更深的道德寓意和文化内涵。

南朝大儒周弘让在《山兰赋》中咏叹兰花"挺自然之高介，岂众情之服媚"，"禀造化之均育，与卉木而齐致。入坦道而销声，屏山幽而静异"。强调了兰花只适宜于幽山，而长不得坦道。唐代著名学者颜师古在《幽兰赋》一文中赞叹兰花："惟奇卉之灵德，禀国香于自然。

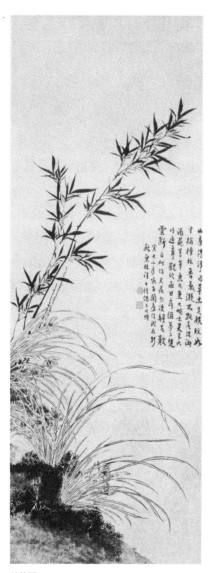

兰竹图

洒嘉言而擅美，拟贞操以称贤。"也强调兰"香于自然"。在众多文人墨客的辞章中，无不将兰花的品性与天地自然相结合，将兰花人性化，人格化，认为兰花的高尚品德是天地所赋予的。这实际是在宣称兰之操守是得之不易的，更不是刻意而为的，也就是说人之于天应当无欲无求，顺其自然。蒲统领故事中，老叟劝其少摘，不要贪得无厌，其义正在于兹。

陈八斜。色深紫，壮者十余蕚，发则盈盆。花类大张清①，干紫过之。叶绿而瘦，尾似蒲下垂②。紫花中能生者为最，间有一茎双花。

【注释】

①大张清：杨按：前文作"大张青"，《广群芳谱》亦作"大张青"。

②蒲：蒲草，香蒲科，多年生水生草本植物，叶狭长。

【译文】

陈八斜兰，颜色深紫，出壮的兰株能开十多朵花，根茎萌发时会充满花盆。花朵与大张青兰相似，花轴比大张青颜色更紫。叶片绿色而狭长，叶尖像蒲叶一般下垂。此兰在紫兰中生长最为旺盛，偶尔会有一茎开双花的。

【点评】

兰花叶片的生长对整个植株的生长和品质的优劣都起着至关重要的作用。兰叶的形态多样，一般可将其分为直立叶、半立叶（或弧曲）、弯垂叶三类。立叶指叶片向上直立生长，只是尖端略有向外倾斜，如前所记的陈梦良、大张青等应该属于这一类。半立叶是指叶片自基部一半处逐渐向外倾斜，或弯曲成弧形。陈八斜叶片柔弱，尾部下垂，应该属于半立叶。在半立叶中，叶片半弯后又朝上微翘的称"凤尾"；叶子斜伸后出现一平弯，顶端又上微卷像托盘一样的称"承露"；叶片半弯以后，又向上斜翘的称"上翘"。弯垂叶是叶片自基部三分之一处逐渐弯曲，顶端下垂或呈半圆形，若从弯垂处开始往背面卷曲的则称"卷叶"。

明代诗人赵友同在欣赏兰卷时，有感于兰叶形姿纷敷，诗兴大发，遂吟哦成句曰：

> 修叶乱纷敷，幽花蔼鲜泽。
>
> 虽非百亩繁，孤馨自朝夕。
>
> 抚卷动遐思，悠然长叹息。

"修叶乱纷敷"一句虽然是用来形容画中兰花茂盛的景象，但把它用来形容陈八斜花叶茂密，鲜绿柔弱的花叶叶尖下垂，散落在花盆上的样子，也颇能体现出陈八斜固有的韵味。清代杜筱舫在《艺兰四说》中认为："兰蕙叶多为贵"，叶片过少，即使开花，花的品质也会慢慢变差。看来，兰叶并不只是兰花的衬托，花姿优雅不仅离不开兰叶的光合作用，而且"叶多为贵"已经成为品兰的重要参考指标之一。

淳监粮[1]。色深紫，多者十萼。丛生，并叶，干曲，花壮。俯者如想，倚者如思。叶高三尺，厚而且直，其色尤紫。

【注释】

①监粮：即监粮料院，宋朝监当官名。掌领所在州、府、军、监粮料院，依法式支付

文武官吏月俸，凭券如数发给。

【译文】

淳监粮兰，花色深紫，开花多的兰株能长满十朵花。兰株聚集生长，叶子合拢在一起，花轴弯曲，花朵膨壮。有的花头低垂，状若冥想之态，有的花冠相互倚靠，若有所沉思之貌。叶子能高达三尺，厚实并且直立。淳监粮花色深紫色的特征尤其明显。

【点评】

大多数兰花都是丛生的，假鳞茎彼此相连，叶片、花莛都从假鳞茎基部长出。淳监粮兰株丛生，叶片呈聚合态，并不披散纷敷。花轴一般弯曲如弧，花朵以俯垂和斜倚居多，姿态万千。花轴是花莛的主轴，有的也称之为花梗，花梗的姿态和颜色随品种不同而各有差异。清代屠用宁在《兰蕙镜》中指出：兰花名种的花轴（梗）"尚细而圆"，苞壳上的筋纹要稀少而长，相互间的间隔要宽。另外，枝干最好一寸多长，这样的叶、梗、花组合而成的整体花形才更加惹人喜爱。比如春兰的花莛高15厘米左右，太矮的话即使花朵美丽却也没有香味，而蕙兰则以花大梗细为贵。

　　大紫。壮者十四萼。出于长泰，亦以邑名，近五、六载。叶绿而茂，花韵而幽。

【译文】

大紫兰，茁壮的植株能开十四朵花。产自于长泰县，也是用产地来命名，是近五、六年新出的品种。叶子颜色碧绿，长势茂盛，化朵风度优美并散发着幽香。

【点评】

"松椿自有千年寿，兰蕙争传十里香。"古往今来，人们推崇兰花，欣赏它的幽香，钦佩它的品德，故而兰以"德香之花"著称于世。《孔子家语》中有"与善人处，如入芝兰之室，久而不闻其香，则与之俱化"的说法，显见兰花具有陶冶人的性情、熏染人的风骨之佳能。文起八代之衰的唐代大文学家韩愈在《幽兰操》中赞叹："兰之猗猗，扬扬其香。"明代都卬（yǎng）在《三馀赘笔》中记载："张敏叔以十二花为十二客，各诗一章：牡丹赏客……丁香素客，兰为幽客。"明代道士吴孺子"藏兰百本，静开一室，良适幽情"。张、吴二人爱兰至深，对兰花都有惺惺相惜之情。应当说兰花之香并非以浓烈见长，而是以淡雅悠长见胜，因此能以"不闻其香"而幽幽其芳，令人回味无穷，喻指君子之德操淡泊如常，臻入化境。

许景初。有十二萼者，花色鲜红。凌晨浥露①，若素练经茜②，玉颜半酡③。干微曲，善于排饤④。叶颇散垂，绿亦不深。

【注释】

①浥（yì）：湿润。

②经：宛委山堂本《说郛》为"轻"，涵芬楼本《说郛》作"经"，今从涵本。此处指白练经过茜草煮染。茜（qiàn）：茜草，其根可作红色染料，故茜又指深红色。

③酡（tuó）：饮酒后脸色变红。

④饤：常"饤饾（dòu）"连用，指堆叠在器皿中的蔬果，一般只用来陈设。引申为罗列，堆砌。

【译文】

许景初兰，有的能开十二朵花，花朵颜色鲜红。凌晨当花朵被露水打湿后，好像白绢染上了深红色，又如酒后白皙娇

兰花图

红兰花图

美的脸颊微微泛红。花轴略微弯曲，叶和花错落有致，好似精心排列过。叶片披散下垂，绿色也不是很深。

【点评】

许景初兰虽然在花莛曲直、叶片形色、叶花排列上都很有特点，但其最大的特征还在于花瓣颜色鲜红上面，似"素练经茜，玉颜半酡"，这两个比喻非常贴切的点出了许景初兰"色中见韵"的独到之处。从这个特点来说，许景初兰与"经雨露则娇，有红酣香醉之状"的何兰堪可一比，难分伯仲。

兰花的花瓣比较特殊，花瓣三片是花的内轮，与萼片相似，但形状不完全相同。一左一右的两片称为花瓣，俗称"捧心"，中央下方的一枚称为"唇瓣"，俗称"舌"。花瓣的颜色、脉纹、斑点在兰花品评中也占有重要地位，我国传统兰花名种以净素为上，假如有颜色就以色彩鲜明的为较好的品种。

石门红。其色红，壮者十二萼。花肥而促[1]，色红而浅。叶虽粗亦不甚高，满盆则生。亦云赵兰。

【注释】

①促：小，狭窄。

【译文】

石门红兰，花朵红色，茁壮的兰株能开十二朵花。花瓣厚实而小巧，颜色红而略微偏浅。叶子虽然粗但不是很高，满盆的生长，也称为"赵兰"。

小张青。色红，多有八萼，淡于石门红。花干甚短，止供簪插①。

【注释】

①簪（zān）：古人用来绾住发髻或连冠于发的头饰品。又指插、戴。另，簪在古代赏兰术语中又称为"短底"，指兰花每朵花的短小花柄。

【译文】

小张青兰，花朵红色，开花多的能达八朵花，颜色比石门红兰淡。此兰花茎很短，只用于插戴。

萧仲红①。色如褪紫②，多者十二萼。叶绿如芳茅③。其余干纤长，花亦离疏，时人呼为"花梯"。

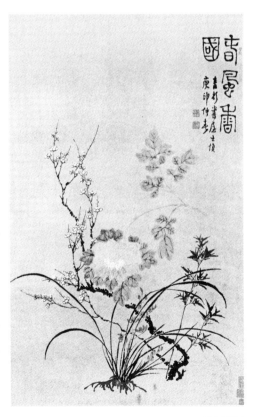

春风香国图

梅兰竹菊谱

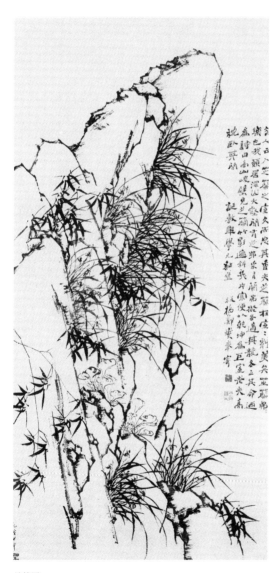

兰竹图

【注释】

①萧仲红：四库本《说郛》作"萧仲和"。众说歧出，详见点评。

②褪（tuì）：颜色或痕迹消失或变淡。

③芳茅：多年生草本植物，春季先开花，后生叶，根茎可食，亦可入药。

【译文】

萧仲红兰，花朵颜色如淡紫色，开花多的兰株能有十二朵花。叶片碧绿，像芳茅的颜色一样。花轴纤细修长，花朵疏离分散，当时的人们称呼它为"花梯"。

【点评】

综合王贵学的描述来看，萧仲红兰也是一种因种者或发现者姓名而得名的兰花。那么萧仲红是何许人也？各种兰谱以及诸版本《说郛》对此莫衷一是，众说分歧。宛委山堂本《说郛》的《王氏兰谱》作"萧仲红"，而四库本《说郛》的《王氏兰谱》则作"萧仲和"，同书不同版本有一字之差。而宛本《说郛》的《金漳兰谱》中，在"坚性封植第四"中作"萧仲弘",后文"灌溉得宜第五"中又作"萧仲和",同书同一版本亦有一字之差。可见书籍传抄刊刻之误,甚矣。

　　若此种兰花得名于"萧仲和",则历史上确有其人。不过,目前所能知道的萧仲和的情况也只能是一鳞半爪。南宋著名诗人杨万里有一首诗叫《寄萧仲和》,仅能据此判断萧仲和与杨万里是同一时代的人物。杨万里在诗中曰:"贫里端何好,欣然肯不居。诗臞(qú,

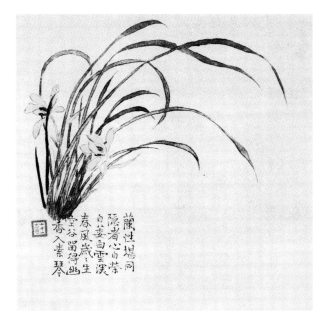

花卉图

耗减)将到骨,室陋得关渠。我懒今仍老,谁能强著书? 谈间可无子,独判一秋虚。"杨万里还在另外一首诗中提到了萧仲和,即《留萧伯和、仲和小饮二首》,其一曰:"野果山蔬未要多,浊醪(láo)清酒尽从他。不于两琖(zhǎn)三杯里,奈此千愁百恼何。山倒莫教扶玉树,尊空别得借银河。少陵一语君知麼,不见堂前东逝波。"其二曰:"谁曾白月上青天,谁羡千钟况万钱。要入诗家须有骨,若除酒外更无仙。三杯未必通大道,一斗真能出百篇。李杜饥寒才几日,却教富贵不论年。"从这两首诗中,我们知道萧仲和还有一位兄长叫萧伯和,兄弟二人与杨万里有较好的关系,时常诗文往来。杨万里生活于1127年至1206年间,想必萧氏兄弟二人也大体生活在这一时期。但是,上述杨万里的诗文中并未提及萧仲和擅养兰花的事迹,因此,"萧仲红"是否为"萧仲和"之误,我们还不能十分肯定地下结论,历史上果有一擅养紫兰的"萧仲红"也未可知也。

何首座。色淡紫，壮者九萼①。陈、吴诸品未出，人争爱之。既出，其名亚矣。

【注释】

①色淡紫，壮者九萼：涵芬楼本《说郛》此句之后，缺文达26字，"林仲礼"条亦失之半。

【译文】

何首座兰，颜色淡紫，苗壮的兰株能开九朵花。陈梦良、吴兰这些品种没有出现时，人人争相宠爱它。待陈梦良、吴兰出现以后，何首座的品第就成为次一等的了。

林仲礼①。色淡紫，壮者九萼。花半开而下视，叶劲而黄，一云"仲美"。

【注释】

①林仲礼：《金漳兰谱》作"林仲"或"林仲孔"。

【译文】

林仲礼兰，颜色淡紫，植株生长苗壮的有九朵花。花朵开放时花冠只张开一半，并且花头朝下，叶子劲韧有力，叶呈黄色，又称作"林仲美"。

【点评】

许多兰花生性娇气，对浇水和施肥都有讲究，不能随意而为。而淳监粮、萧仲红、许景初、何首座、林仲礼等这些兰花则不然，对水肥条件没有太高要求，易于管理。即便施肥时没有及时浇水，也不会烧坏根茎。当盆中沙土干燥时，一般是傍晚施肥，第二天清晨用一碗清水浇灌，肥腻之料溶解下渗至根部。其根也不会勾连蔓延，更不会散乱盘盆，令人嫌恶。对上述兰花浇水时，所用之水最好是绿水，即预先用瓮缸等器具储存雨水，停放时间久了以后，等到水色发绿，就可以用来浇灌了。《金漳兰谱》中说，用这种绿水所浇之兰，"其叶则浡（bó，兴起貌）然挺秀，濯然而争茂，盈台簇槛，列翠罗青。纵无花开，亦见雅洁"。

粉妆成。色轻紫，多者八萼，类陈八斜，花与叶亦不甚都[1]。

【注释】

①都（dū）：美盛，美好。

【译文】

粉妆成兰，花色淡紫，花多的能开八朵，花形和陈八斜相似，花朵和叶子也不是很美。

茅兰。其色紫之[1]，长四寸有奇，壮者十六七萼。粗而俗，人鄙之。是兰结实，其破如线，丝丝片片，随风飘地，轻生[2]。夏至抽葶[3]，春前开花。

【注释】

①之：宛委山堂本《说郛》作"之"，涵芬楼本《说郛》作"叶"，今从宛本。若依涵本，则句读为"其色紫，叶长四寸有奇"，叶长四寸失之短矣，且前后文主语不一。

②轻生：非指轻弃性命，而是轻贱的生命之义。南齐谢朓《始出尚书省》："中区咸已泰，轻生谅昭洒。"

折枝花卉图

③篦（pí）：植物的茎叶。明人戴義《养余月令·兰·栽分》："视可分处，三篦作一盆，互相枕藉，新篦在外，长满复分。"

【译文】

茅兰，花朵紫色，花长四寸余，茁壮的兰株能开十六、七朵花。格调粗俗，为人们所轻视。这种兰花结果实，果实破裂后像线絮一样，丝丝片片，随风飘舞，落地生长，真是轻贱的生命啊。此兰夏至时茎叶开始生长，春天到来前开花。

【点评】

茅兰品第虽然不高，但能够结果实，可以靠种子繁殖，而且生长环境要求也不高，也算是一个奇特的习性了。

兰花的种子非常细小，数量又多得惊人，但是由于种子本身发育不完全，所含养分较少，种皮不易吸收水分，所以一般不容易发芽。利用播种繁殖的方法虽然可以获得大量兰花幼苗，却因条件限制通常不为人们所用。养兰中最常用的繁殖方法还是分株析拆法。

金棱边。出于长泰陈氏，或云东郡迎春坊门王元善家。如龙溪县后林氏，花因火为王所得。有十二、三萼，幽香凌桂①，劲节方筠②，花似吴而差小。其叶自尖处分为两边，各一线许，夕阳返照，恍然金色③。漳人宝之，亦罕传于外，是以价高十倍于陈、吴，目之为紫兰奇品④。

【注释】

①凌：通"陵"，逾越，超过。

②筠（yún）：本义为竹子，此处喻指兰莛。

③恍（huǎng）然：好像，仿佛。

④目：宛委山堂本《说郛》作"自"，误。而涵芬楼本《说郛》于"紫兰"二字后漏"奇品"二字。

【译文】

金棱边兰，产自于长泰县陈家，也有人说来自东郡迎春坊门下的王元善家。王元善曾到龙溪县后面的林家，此花适逢火灾而被王元善得到。每株有十二、三朵花，幽香的气味超过桂花香，茎莛方棱，劲拔挺韧。金棱边的花朵和吴兰的花朵相似，只是略微小些。它的叶片自顶尖处沿着叶缘化为两道黄线，各有一线多粗细。当落日余晖返照其上，仿佛金丝线闪闪发光。漳州人将它视若珍宝，也很少传播到外地，因此它的价格要比陈梦良和吴兰高出很多倍，被看做是紫兰中的奇品。

【点评】

金棱边兰又叫"金黄素"，因叶艺出众，被视为紫兰中的奇品。《金漳兰谱》中记载："金棱边，色深紫，有十二萼，出于长泰陈家。色如吴花，片则差小。干亦如之，叶亦劲健。所可贵者，叶自尖处分二边，各一线许，直下至叶中处，色映日如金线。其家宝之，犹未广也。"金棱边花色深紫，花形和吴兰相似，只是花瓣略微小些。其花莛也和吴

端阳景图

兰差不多，叶子健韧有力。特别是它的叶尖边缘化为两道黄线，延伸到叶中部分，酷似给叶片镶上两道金边，故而得名"金棱边"。

金棱边奇特的叶形、颜色，与当今我们所能看到的线艺兰有某些共同之处。线艺兰，也称为叶艺兰，是指兰花叶片上镶嵌着金黄色、银白色、浓绿色、朱红色或墨黑色的边、点、线、斑等特征。这类兰花因其独特的叶形而深受人们的青睐。现代的线艺兰据说最早兴起于日本。日本是较早引种我国出产的兰花的国家。起初，日本的花卉爱好者对兰花的审美标准和我国相似，重点欣赏兰花的花朵和兰株意境。据中国兰花学者何清先生苦心考证，大约在17世纪，日本的纪州（今日本和歌山县周边一带）种植我国出产的兰蕙之风盛行。当时有一位铁匠，也醉心于兰花，种植了一些原产于我国福建省的建兰。每当兰花开放时，他一心沉醉于幽香芬芳之中，甚为惬意。纪州地区的冬季很冷，因此每年冬季到来时，为了防止心爱的兰花被冻伤，铁匠总是白天将兰花搬到室外晒太阳，夜晚则把兰花放在室内铁炉边上保暖，对心爱的兰花照顾得无微不至。或许是这种特殊的培养方法和主人悉心的照料使兰叶发生了艺变，绿色的叶面上出现了黄色的线条。他欣喜若狂，视若至宝，取名"加冶屋"（铁匠店之意），更加细心照料这些"特殊"的兰花。后来这位铁匠所种的兰花叶片艺变的事情渐渐传播开来，络绎不绝的人们慕名前来欣赏。此后，越来越多的人开始培育线艺兰，同时也为了满足花卉爱好者猎奇的心理，人们采用各种手段栽培和繁殖，不断推出令人眼花缭乱的叶艺兰珍品。

何清先生还进一步考证认为，叶艺兰主要发生在建兰和墨兰两个品种中，现代所流行的线艺兰珍品大多是建兰，墨兰次之。而有据可查的最早的叶艺的变异应该出现在公元1233年以前的中国，即赵时庚《金漳兰谱》中所记载的"金棱边"。而王贵学《王氏兰谱》中所记载的陈梦良"尾微焦而黄"应该也属于早期的叶艺。墨兰的叶艺兰是1904年在台湾苗栗县发现的中斑线艺"真鹤"。若按照现代兰花的划分标准，金棱边和陈梦良都属于建兰，因此，建兰被誉为线艺兰的鼻祖。日本的线艺兰"加冶屋"可以算是商品性线艺兰的开端。

白 兰

灶山。色碧①，壮者二十余萼，出漳浦②。昔有炼丹于深山③，丹未成，种其兰于丹灶傍④，因名。花如葵而间生并叶⑤，干、叶、花同色，萼修齐，中有薤黄⑥。东野朴守漳时⑦，品为花魁⑧，更名碧玉干。得以秋花，故殿于紫兰之后⑨。

【注释】

①碧：玉之青白色。

②漳浦：唐垂拱二年（686）置，为漳州治所，在今福建云霄。开元四年（716）移李奥川，即今福建漳浦。乾元二年（756）后为漳州属县。

③炼丹：道家及道教的主要修炼方法之一，分为修内丹和炼外丹。修内丹指养性练气修身。此处指炼外丹，即通过在丹炉中燃烧铅、汞、丹砂等矿物质来制丹药。

④丹灶：即丹炉，炼丹所用之灶。又，内丹的丹鼎存在于意念之中。傍（páng）：同"旁"，旁边。

⑤葵：葵菜，又名冬葵，锦葵科二年生草本。夏初开淡红或淡白色小花，嫩叶是我国古代重要蔬菜之一。葵在明代之前不指向日葵。间（jiàn）：缝隙，空隙。

⑥薤（xiè）黄：中药名。质坚硬，角质，不易破碎，有蒜臭，味微辣。由于其断面黄白色，而碧玉干花色白略带黄色，故作者引以形容碧玉干的花。

⑦守：官吏的职责、职守。

⑧花魁（kuí）：古代品花时称群花之首为花魁。

⑨殿：置于……之后。

【译文】

灶山兰，花色青白，旺盛的兰株一茎可以开花二十余朵，出产于漳浦县。以前有人在深

松怀书净喜结青葱蒼毕和
潇飞未可滴清室淋磊勒朱雙

凤眼
寅年秋友
陳永

兰石图

山中炼丹，丹药虽然没有炼成，但在丹灶旁种植了这种兰花，因此得名。灶山兰的花和冬葵相似，从叶的间隙中长出，叶片并拢，花莛、叶片、花朵三者颜色相近。花朵修长齐整，中单夹有黄白色。东野朴公出任漳州知州时，品评灶山兰为花魁，并将她更名为"碧玉干"。由于白兰秋季开花，因此将其放在紫兰之后。

【点评】

成书于南宋绍定六年（1233）的《金漳兰谱》是现存中国第一部兰花专谱，14年后《王氏兰谱》才刊行于世。《王氏兰谱》记述的品种更多，水平也略高。明代王世贞在评价各种兰谱时称赞说："兰谱惟宋王进叔本为最善。"两书相比较，《王氏兰谱》的一大特色是对于各品种的得名来由记述得比较详细，而《金漳兰谱》则更注重描写各花的形态特征。只有参照两书记载，才会对宋代兰花品种的情况了解得更全面一些。

《王氏兰谱》在介绍灶山兰时侧重于叙述其名称的两个来源，但在涉及此花的具体特征时仅以"干叶花同色，葶修齐，中有薤黄"一笔带过，使读者对灶山兰的外形认知较为模糊。与王谱的轻描淡写不同，

《金漳兰谱》则浓墨重彩地对灶山兰的形体特征予以介绍："色碧玉，花枝开，体肤松美，颙颙（yóng）昂昂，雅特闲丽，真兰中之魁品也。每生并蒂，花、干最碧，叶绿而瘦薄。"赵时庚为世人展现的是灶山兰的绰约风姿。"颙颙昂昂"用来形容灶山兰体貌庄重恭敬、器宇轩昂，这是对王谱中"萼修齐"一句的拟人化描写。"雅特闲丽"则是形容灶山兰文雅形美。此外，其他描写灶山兰的语句诸如"每生并蒂"、"叶绿而瘦薄"等都是对王谱的极大补充，其中尤以"绿衣郎"称呼的引入最为形象。相比王氏"干、叶、花同色"的平铺直叙，"绿衣郎"之名生动形象，更能激发赏花者的想象力。

　　济老。色微绿，壮者二十五萼，逐瓣有一线红晕界其中①。干绝高，花繁则干不能制②，得所养则生。绍兴间③，僧广济修养穷谷，有神人授数颖，兰在山阴久矣④。师今行果已满⑤，与兰齐芳。僧植之岩下，架一脉之水溉焉，人植而名之。又名一线红，以花中界红脉若一线然。干花与灶山相若，惟灶山花开玉顶，下花如落，以此分其高下。此花悭生蕊，每岁只生一。

【注释】

　　①逐瓣：逐，依照次序，一一挨着。杨按：这里的瓣似主要指外三瓣，亦或指内三瓣中的唇瓣。中国兰的花朵由外三瓣（萼）、内三瓣和花蕊组成，在内三瓣中，上面两枚花瓣为捧瓣，下面一枚花瓣为唇瓣。晕（yùn）：光影、色泽四周模糊的部分。

　　②制：约束，管束。文中引用为支持之意。

　　③绍兴：南宋高宗赵构使用的第二个年号，从1131年至1162年，共32年。

　　④山阴：秦置，属会稽郡，治所在今浙江绍兴。以在会稽山之北而得名。历史上该县旋废旋置，南宋时为绍兴府治所。

　　⑤行果：佛教中的行业与果报，果报必依行业之因，称为行果。一般说来，行是指在

钱谦益《墨兰图》

外界表象知晓的情况，开始修习闻、思、修三慧，专心修持。果是指在行的基础上，感召一切妙果，证大菩提道。在这里可简单理解为修行圆满。

【译文】

济老兰，颜色微微青白，茁壮的兰株可以开二十五朵花，花瓣中间有一线红晕。花莛很高，以致花开繁多时茎干支撑不住，得到适宜的照料就可以生长开花。南宋绍兴年间，僧人释广济在深谷中修行，有一位神仙授予他几株兰花幼苗，可见此兰在浙江绍兴已经很长时间了吧。如今大师修行已经圆满，其德操与兰花同香。僧人们将兰种植在岩石下，架设管道，引来一股水流进行灌溉，因为是僧人种植因而得此名。由于花瓣上的红晕仿佛一条线，因此济老兰又叫"一线红"。济老的莛干和花朵都同灶山兰相似，只是灶山兰开花时两副瓣是落肩的，依据这一特点可以区分两者品第高低。济老兰很少长花蕊，每年只发蕊一次。

【点评】

灶山兰和济老兰的得名由来都颇具故事性，灶山兰与炼丹道士有关，而济老兰则与佛教僧侣相关，并且还夹杂了神仙色彩。对比两兰的得名与其他兰花的命名，不禁令人发问：为何此两种兰花都与释道神仙有着千丝万缕的关系呢？王贵学在兰谱序言中赞叹兰花为"和气所钟"之物，即非常之物必然是得到了上天特别的眷顾，因此兰花有着独出百草之上的"韵而幽，妍而淡"之姿。而济老和灶山更是将兰花"韵而幽，妍而淡"的姿态发挥到了极致。《金漳兰谱》中称济老"标致不凡，如淡妆西施，素裳缟衣，不染一尘"，不愧为描绘济老拔俗姿容的生花之笔。

"干绝高"一词透露出济老的另一大特征——出架，即花莛高于叶丛。花茎虽不是赏兰的主要部位，但它决定了兰花整体花姿结构的优劣。一般来说，名兰的花茎宜高不宜矮。《兰史》中介绍建兰时就指出"总以叶短、茎长、花挺出者为佳"。如果花茎太矮的话，花藏于叶丛当中，自然不利于观赏；而花若高挺于叶，则使兰花有亭亭玉立之姿，更能显露超拔不俗之态。

惠知客。色洁白，或向或背，花英淡紫①，片尾微黄②，颇似施兰。其叶最茂，有三尺五寸余。

【注释】

①花英：即花英，清代朱克柔《第一香笔记》："惠知客……花英淡紫，片尾凝黄。"

②片尾：花瓣的根部。

【译文】

惠知客兰，花色洁白，花头有的相对而生，有的相背而生，花英淡紫色，叶片尖端略呈淡黄色，和施兰颇为相似。此兰的叶子最茂盛，有三尺五寸多长。

施兰。色黄，壮者十五萼，或十六、七萼。清操洁白，声德异香①。花头颇大，岐干而生②。但花开未周，下蕊半堕。叶深绿，壮而长，冠于诸品。此等种得之施尉③。

【注释】

①声德：杨按：似为"馨德"之误，即美德。

②岐：宛委山堂本《说郛》作"歧"，涵芬楼本《说郛》皆改为"歧"，蛇足也。岐本字有分支和分歧之义。后文岐、歧数处，不再赘述。岐干，即枝干由一枝分叉成数枝。

③尉：县尉的简称。掌部辖弓手、兵士巡警，捕盗解送县狱，维持一县治安。宋代又作选人阶官，为第七阶（资）。杨按：施兰之得名，亦可能初种之人名为"施尉"，似陈梦良之例；亦可作施姓县尉解，如蒲统领、李通判之例，据前后文，暂从后者。

【译文】

施兰，花色微黄，茁壮的兰株可以开十五朵花，有的能开十六、七朵之多。施兰清雅不俗，贞洁无瑕，惠声美德，异香扑鼻。此兰花朵很大，可从旁出的侧枝开花。只是花开的不是很完美，两肩（外三瓣中下面两枚萼片称为肩）半落。叶片深绿色，健硕而修长，比其他品种都长大。该品种兰花得自于施姓县尉。

【点评】

施兰在上品白兰中可谓"平平无奇"。它不像"花英淡紫，片尾微黄"的惠知客一般，花瓣具多重色彩，也比不上灶山、济老之类，或色如碧玉或素裳缟衣的出尘之姿，虽然其叶"壮而长，冠于诸品"，但要论挺拔劲直的神韵，还是比李通判的剑脊叶要逊色很多。不过，施兰能够名列前茅，必定有其出众之处，恰恰是"馨德异香"成就了施兰的名声，其香能令人回味君子的温文尔雅之德。

谈及施兰之香，不禁令人产生一个疑问：为何外表"一无是处"的施兰会拥有异香呢？这就要从生物界的生存竞争与自然进化来探讨了。兰花是典型的虫媒花，需要依靠蜜蜂、蝴蝶等昆虫作为媒介进行传粉。为了有效地吸引昆虫来授粉，各种兰花也是使尽浑身解数，有艳丽颜色或鲜明斑纹的兰花自然能引诱昆虫前来传粉，相反素雅清淡的白兰，尤其是外表不佳的施兰，没有讨昆虫喜欢的姿色，岂非要自生自灭？但大自然造化又是这般的神奇，大自然赋予了它们独特的香味，兰花凭借此香便能够诱导昆虫前来造访。

兰竹图

　　李通判①。色白，壮者十二萼。叶有剑脊②，挺直而秀，最可人眼。所以识兰趣者③，不专看花，正要看叶。

【注释】

　　①通判：宋太祖乾德元年（963）始置，初期既非知州副职，又非属官，有监临州郡之义。州郡之政皆需通判与长吏签议连署方为有效，同时有监察部属官吏、户口、钱粮、狱讼之责。元丰改制后，通判为知州副贰，南宋时地位下降。

　　②剑脊：剑身部分中央一条凸起的棱称作剑脊。

　　③趣：意味，情态风致。

【译文】

　　李通判兰，花朵白色，茁壮的兰株可开十二朵花。叶子形状如同剑脊，挺拔劲直，修长秀美，最是吸引人眼球。因此，会欣赏兰花风韵意味的人，不单纯赏花，更要赏叶。

【点评】

　　如果说通常人们在赏兰时，只将眼光放在兰花的花、干、香等因素的话，那么王贵学在欣赏李通判时则突破了前人"狭隘"的眼光，将赏兰范围扩展到兰花的叶子，并提出"识兰趣者，不专看花，正要看叶"的真知灼见。为何"平平无奇"的兰叶会受到如此重视？古人有

"观花一时，赏叶经年"之语，也就是说，兰花的花期毕竟有限，并非时时都有的看，兰叶就不一样了，它在较长时间内都能欣赏得到。闲暇之余，长对兰叶，赏兰者们自然能品味出其中的风韵了。

那么，在王氏眼中，赏叶的标准是什么呢？他赏兰时注意到李通判"叶有剑脊，挺直而秀，最可人眼"，指出叶姿对于兰花"挺而秀"气质的烘托。而随着赏兰水平的提高，叶姿逐渐成为评价兰花品种观赏价值的重要标准。张学良将军更是以军人的秉性，体悟到立叶所蕴含的刚直劲拔之神韵，直夸兰花"叶立含正气"。古时有人甚至将如剑一样挺立的兰叶视为桃符木剑，认为它有驱邪的功效，越发将兰叶说得神乎其神了。

郑白善。色碧，多者十五萼，岐生过之。肤美体腻[①]，翠羽金肩[②]。花若懒散下视[③]，其跗尤碧[④]。交秋乃花[⑤]，或又谓大郑。

兰竹图

【注释】

①腻：光滑，细致。肤美体腻喻指兰花如美人一般肌肤细嫩。

②翠羽：花瓣青白色。金肩：淡黄色的副瓣。

③懒散：本指困倦慵懒，文中指花头耷拉下垂。

④跗（fū）：同"柎"，花下萼。

⑤交：时间、地区交替之际或相连接处。交秋即立秋。

【译文】

郑白善兰，花朵颜色青白，茁壮的兰株可开十五朵花，如果有支莛，花朵数就会更多。它的花瓣如同美人的肌肤一般细嫩，花瓣青白色，副瓣淡黄色。此兰的花头像慵懒的样子耷拉下垂，花萼主瓣的颜色尤其青白。郑白善在立秋时节才开花，有的又称此兰为"大郑"。

【点评】

郑白善兰以"翠羽金肩"既充分展现了内三瓣的姿色，又将赏兰者们的目光吸引于兰花的副瓣。翠羽是指内三瓣如凝脂翠玉般圣洁，而金肩则是指外三瓣中的左右副瓣淡黄明亮。在古代赏兰术语中，"肩"专门用来描述兰花外三瓣中的左右副瓣的姿态。一般来说，兰花的副瓣有"一字肩"、"落肩"、"大落肩"三种，"飞肩"是其中的贵品。"一字肩"就是指左右副瓣一字排开呈水平状，又称平肩，这是兰花中的上品。"落肩"是指舒瓣之后两副瓣微微下垂，幅度不大，居于次一等。"大落肩"则是指刚一舒瓣，两副瓣就呈八字型，又叫"三角马"、"八字架"，属于兰花中的劣品。若两副瓣略微向上翘，则称为"飞肩"，堪称兰花中的贵品。

郑少举。色洁白，壮者十七、八葶。郑得之云霄①。叶劲曰大郑，叶软曰小郑，散乱，蓬头少举②。茎硃③，花一生则盈盆，引于齐叶三尺④，劲壮似仙霞。

【注释】

①云霄：本为站驿，因云霄山而得名。东晋咸和六年（331）设绥安县，唐垂拱二年（686）为漳州治所，地在今福建云霄。宋元时期，仍为驿铺。明朝设置云霄镇，清朝改为云霄厅，后废厅设县。

②蓬头：头发蓬乱，文中形容郑少举兰的叶子散乱。

③硃（zhū）：同"朱"，大红色。

④引：延长，伸长。

【译文】

郑少举兰，花色洁白，茁壮的兰株能开十七、八朵花。郑氏由云霄境内获得。叶子坚硬有力的称为"大郑"，叶子柔软的称为"小郑"。此兰的叶子散乱，蓬松柔软，很少能够挺举。

花莛呈大红色,刚一开花,茎干就粗壮满盆,能伸长到比叶子还高三尺,健壮得如同仙霞兰莛一般。

【点评】

在郑少举兰的描述方面,《王氏兰谱》与《金漳兰谱》再次轩轾分明。《王氏兰谱》侧重郑少举的叶态描写,将其为何得名"少举"交待得非常清楚。另外,王贵学对郑少举花莛的记载也十分详细,可补他谱之不足。然而,王氏对郑少举的花姿没有过多关注,只云其"色洁白",多的能开十七、八朵花。这方面的缺陷,我们可以从赵时庚的《金漳兰谱》中得到弥补。

赵时庚对郑少举可谓推崇备至,称其为"百花之翘楚者"。他在《金漳兰谱》中说,郑少举"色白,有十四萼,莹然孤洁,极为可爱。叶则修长而瘦,散乱,所谓蓬头少举也。亦有数种,只是花有多少,叶有软硬之别。白花中能生者,无出于此。其花之资质可爱,为百花之翘楚者"。赵时庚在谱中以少见的笔调,对郑少举的花姿连用两个"可爱"来表达爱慕之义。郑少举兰光泽明净,孤傲素洁,尽显雅美之姿,因而成为赵时庚心目中"百花翘楚"的代言人。那么郑少举的叶子为什么不能挺举呢?赵时庚则归之于叶子"修长而瘦"的原因,加之叶质有软硬之别,才有大、小郑之分。另外,《第一香笔记》中记载,欲养好郑少举,必须用松散的泥土,最好用草鞋铺垫在花盆内壁,然后装填松土,效果更佳,能开出美丽的兰花。

仙霞九十蕊。色白,鲜者如濯①,含者如润②。始得之泰邑③,初不为奇,植之蕊多,因以名花。比李通判则过之。

【注释】

①濯（zhuó）：洗涤。

②含：含苞未露。润：光润。

兰竹图

③泰邑：即泰宁，北宋元祐元年（1086）改归化县置，属邵武军，治所即今福建泰宁。

【译文】

仙霞九十蕊兰，花朵白色，初开的花鲜明洁净，如同刚洗过一样，而含苞待放的花则光洁细润。原产于泰邑，刚发现时人们还不认为此兰有什么奇特，种植以后才发现花蕊很多，因此以"九十蕊"命名此兰。该品种优于李通判。

【点评】

仙霞九十蕊的名字源于地名和花形。《第一香笔记》中认为，仙霞兰最初产自仙霞岭，这是横亘在浙闽之间的一道大山岭，其中隘口仙霞关是出入闽浙的必经之路。《金漳兰谱》则说，有人以其花与潘兰相似，遂认为是潘西山得自于仙霞岭。

通观《王氏兰谱》，大概仙霞兰是一种常见白兰，故而被王贵学视为诸兰中的标准样本，经常在讲到某种兰花时，会以仙霞兰与之作比较，以便人们较容易认知那种兰花的特征。比如，讲到兰花的培植土壤选择时，他说"吴兰、仙霞，宜粗细适宜赤沙"；讲到初成翁时，他说"本性有仙霞"；讲到赵十使时，他说"花似仙霞"；何兰、潘兰"似仙霞"；还有，郑少举的花莛"劲壮似仙霞"，等等。因此，虽然在仙霞兰本条中作者没有施用过多笔墨，但通过以上对比，我们还是可以获得仙霞兰的较多信息。仙霞兰的花朵洁白无瑕，随着花瓣的舒展，花色由温润过渡到鲜明，配以劲壮的花莛，尽显柔中蕴刚的特征，真乃君子风度也。

马大同。色碧，壮者十二萼。花头肥大，瓣绿，片多红晕。其叶高耸，干仅半之。一名朱抚，或曰翠微^①，又曰五晕丝^②。叶散，端直冠他种。

【注释】

①翠微：轻淡青葱的山色。

②五晕丝："丝"字疑为"绿"字之讹。宛委山堂本、涵芬楼本《金漳兰谱》和《王氏兰谱》皆作"五晕丝"，而《花史左编》、《第一香笔记》、《清稗类钞》皆作"五晕绿"。杨按：依其"翠微"之名，臆测"五晕绿"为是。

【译文】

马大同兰，花色青白，茁壮的可开十二朵花。花冠肥大，内瓣偏绿，外片多有红晕。马大同的叶子高直挺立，花莛的长度仅到叶子的一半。它另有一个名字叫"朱抚"，有的还称作"翠微"，又叫"五晕绿"。此兰叶子散乱，但花莛端正挺直，超过其他品种。

【点评】

马大同这一品种因何得名，王贵学没有交待，此前的赵时庚也没有说明，后世亦不知其始末。杨按：根据宋代兰花命名的通则和习惯，从这种兰花的四个名字，即马大同、朱抚、翠微、五晕绿对比来看，后两者翠微和五晕绿是以花色花姿来命名，而前两者则是以发现者或种植者的名字或官衔命名的。据考证，唐宋时期，各有一位较有影响的马大同。唐代的马大同，字逢吉，越州（今浙江绍兴）人，唐懿宗咸通五年（864）出任东阳县令，任满后居东阳松山，成为东阳马氏的始祖。在明初学士宋濂撰写的名篇《送东阳马生序》中，马生马君则就是这位马大同的第十八世孙。南宋初还有另外一位马大同，字会叔，世称鹤山先生，严州建德（今浙江建德东北梅城）人。南宋高宗绍兴二十四年（1154）中进士，历任户部员外郎、大

兰花图

理正兼权吏部郎官、荆湖南路提刑、江西路提刑，为官以刚介闻，《全宋诗》中收录其诗作。至于兰花得名究竟是指唐代的马大同，还是宋代的马大同，亦或另有其人，已经无法定夺了。不过，若根据《王氏兰谱》的行文文风及活动地域来臆测的话，宋代的马大同可能与这种兰花的命名有关。

五晕绿除了马大同这一源头外，还有朱抚这一源头，可能是宋代一朱姓安抚司官员，亦或此人名叫朱抚，姑且存而不论。

黄八兄。色洁白，壮者十三萼。叶绿而直①，善于抽干，颇似郑花，多犹荔之"十八娘"②。

【注释】

①叶：宛委山堂本《说郛》作"叶"，涵芬楼本《说郛》作"黄"，从宛本。杨按：《金漳兰谱》"黄八兄"条："叶绿而直。"

②十八娘：即"闽南十八娘"，福建仙游荔枝的名品。

【译文】

黄八兄兰，花色洁白，茁壮的可开十三朵花。叶绿色而挺直，善于抽拔莛干，花莛长势和郑兰差不多，大多如同荔枝中的"十八娘"。

【点评】

《金漳兰谱》中记载："黄八兄，色白，有十二萼。善于抽干，颇似郑花，惜乎干弱不能支持。叶绿而直。"赵谱和王谱两相比较，不难发现，他们都注意到黄八兄的花莛特点，只是表述发法不同而已。赵时庚认为，黄八兄的花莛长势与郑兰差不多，拔得快，长得高，但是郑兰花莛强壮有力，而黄八兄的花莛则偏软弱，甚至支撑不住花头。王贵学也认同赵时庚的描述，并又补充一点说，黄八兄的花莛柔弱，大多像荔枝十八娘的花莛一样，加深了人们对其柔弱性的认识。因此，《第一香笔记》中说，黄八兄"干弱不能支花，以杖扶之，须浇肥"，需要用架支撑其莛，而且还要注意施肥，增加其营养，以使其花莛强壮结实。

王贵学引入了荔枝十八娘作比，许多人容易望文生义，将"多"与"十八"联系起来，其实不然。"十八娘"这一称呼是怎么来的呢？宋人蔡襄《荔枝谱》载："十八娘荔枝，色深红而细长，时人以少女比之。俚传闽王王氏有女第十八，好啖此品，因而得名。"清代《仙游县志》里记载另一种传闻，说是北宋南康郡王陈洪进之女陈玑，排行十八，手植荔枝名品，世称"十八娘"。然而，宋代的蔡襄、曾巩、明代的吴载鳌都在自己的荔枝著作中表示不认同排行十八的说法，他们更认同"十八娘"为美少女之说。曾巩《荔枝录》中说："或云谓物之美少者为十八娘，闽人语。"也就是说，这种荔枝深红细长，像十八年华的红衣美少女一样，可人喜爱。可见，这里的十八并非数量多少之意，王谱取其柔弱也。

　　朱兰。得于朱佥判①。色黄，多者十一萼。花头似开，倒向一隅②，若虫之蠹③。干叶长而瘦。

【注释】

　　①佥判：即签判，签书节度判官厅公事的简称，又称"佥书判官"，宋代幕职官名。负责公署簿书、案牍、文移等事务。

　　②一隅（yú）：一边。

　　③蠹（dù）：同"蠹"，蛀蚀。宛委山堂本《说郛》作"蠹"，涵芬楼本《说郛》作"蠹"。

王艳芝、张俊卿合绘《兰草图》

【译文】

朱兰,得名于朱金判。花色淡黄,花朵多的兰株能开十一朵花。花冠半开半闭,花头倒向一边,好像遭受了虫害一样。花莛和叶片修长瘦细。

周染。色白,壮者十数萼。叶与花俱类郑,而干短弱_{叶、干长者为少举,}促而叶微黄者为白善,干短者为周花。

【译文】

周染兰,花朵白色,茁壮的兰株可开十几朵花。叶和花都与郑兰相似,但莛干比较短弱(叶和莛修长的是郑少举,莛短并且叶略微泛黄的是郑白善,莛干短的是周染)。

夕阳红。色白,壮者八萼。花片虽白,尖处微红,若夕阳返照①。或谓产夕阳院东山,因名。

【注释】

①若:宛委山堂本《说郛》作“者”,句为“花片虽白,尖处微红者,夕阳返照”。涵芬楼本《说郛》作“若”,今从涵本。

【译文】

夕阳红兰,花朵白色,茁壮的兰株可开八朵花。外瓣虽然是白色,但尖端处微红,好像落日余晖之色。也有的说此兰产于夕阳院东山,因此而得名。

云峤①。色白,壮者七萼。花大红心,邻于小张,以所得之地名。叶深厚于小张清,高亦如之。云峤,海岛之精寺也②。

【注释】

①云峤（qiáo）：本义即员峤，古代神话传说中海中的仙山。后指高而尖的山。

②精寺：即精舍，精研讲论处，指高僧修习的场所。

【译文】

云峤兰，花朵白色，茁壮的兰株一茎能开七朵花。花瓣肥大，红心鼻头，近似于小张青，是根据采得的地方来命名的。叶子比小张青颜色深且厚实，莛高也跟小张青一般。云峤，是海岛中的佛寺的名称吧。

【点评】

《列子汤问》中记载了一则关于"云峤"即"员峤"山的极具想象力的神话。《汤问》中说："渤海之东不知几亿万里，有大壑焉，实惟无底之谷，其下无底，名曰归墟。八纮（hóng）九野之水，天汉之流，莫不注之，而无增无减焉。其中有五山焉：一曰岱舆，二曰员峤，三曰方壶，四曰瀛洲，五曰蓬莱。其山高下周旋三万里，其顶平处九千里。山之中间相去七万里，以为邻居焉。"这五座神山上到处都是金玉搭建而成的台观，飞禽走兽都是纯白色的，树木都是珠玉美石的质地，上面布满了美味的花朵和果实，人吃了能够长生不死。可是这五座神山却没有根基，时常随着波浪荡漾，到处漂浮，令上面生活的仙人们非常苦

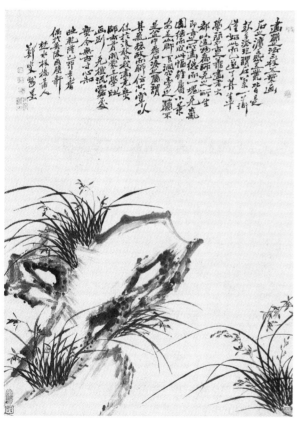

郑板桥《兰草图》

恼。于是天帝就派禺强带领着十五只巨鳌前去用头顶住神山,这十五只巨鳌按五只一队被分成了三批,每六万年一轮换,这才保住了神山不再飘荡摇动。

> 林郡马。其色绿,出长泰,壮者十三萼。叶厚而壮,似施而香过之。

【译文】

林郡马兰,花色淡绿,产自于长泰,茁壮的兰株可开十三朵花。叶子厚实粗壮,如同施兰,但比施兰更香。

> 青蒲。色白,七萼。挺肩露颖,似碧玉而叶低小,仅尺有五寸。花尤白,叶绿而小,直而修。

【译文】

青蒲兰,花朵白色,多的一茎能开七朵花。副瓣挺翘,嫩芽微露,外形与碧玉干相似,但叶子相对低垂短小,只有一尺五寸长。花朵尤其洁白,叶子碧绿且短小,但挺直整齐。

【点评】

兰谱中描绘"青蒲"时仅寥寥数语,似乎品次较低的青蒲并无出众之处,但其"挺肩露颖"还是给人留下了深刻的印象。兰花的瓣型理论迟至清乾隆年间由艺兰名家鲍绮云在其《艺兰杂记》中率先提出,后又经同为艺兰名家的朱克柔在《第一香笔记》中予以进一步完善。前文已经述及,兰花的副瓣分为一字平肩、落肩、大落肩、飞肩四种姿态。赏兰者认为,飞肩欣赏价值最高,平肩次之,落肩又次之,大落肩最次。

那么,这样评定的理由何在呢?朱克柔在其著作中进一步指出"或问花何取肩平?曰此即品也。肩落则逼拶(zá)攲(qī)斜,肩平则妥帖排奡(ào)"。在这里,逼拶的意思是逼迫,排奡是指矫健的样子。妥帖排奡指的是平肩使兰花瓣萼齐整、舒展,从而展现出兰花的健美俊逸；相反，落肩则会使瓣萼形状歪斜耷拉，反而影响整体美观。犹如人的双肩，两肩如军人般挺立，给人以器宇轩昂、意气风发的审美感。

宋代的艺兰尽管没有发展出专门的瓣型理论，只以开花多少，叶姿形态来划分兰花品级高下，但他们显然并没有完全忽视花萼的形态对于兰花整体外观的影响。青蒲的两枚萼片可能较其他品种兰花的更为挺立，给细心观察的王贵学以优雅俊逸之感，这应该算是对肩形的较早记录了吧。

独头兰。色绿，一花，大如鹰爪。干高二寸，叶类麦门冬①。入腊方薰馥可爱②，建、浙间谓之献岁③，正一干一花而香有余者。山乡有之，间有双头。涪翁以一干一花而香有余者，兰也。

山水花卉图

【注释】

①麦门冬：又称细叶麦冬、韭菜麦冬。百合科多年生草本植物，叶条形，丛生。根可入药。

②腊：腊月，一年中的第十二个月称作腊月。馥（fù）：香。

③献岁：一年之开始。

【译文】

独头兰，花色淡绿，一莛只开一花，花的大小如鹰爪。莛干高二寸，叶子类似麦门冬。此兰进入腊月方才开花，香气怡人，惹人喜爱，建州、浙江地区称它为"献岁"，正是那记载中的一莛干只开一朵花而香气馥郁有余的品种。独头兰在山野乡间有分布，偶尔有一莛开两朵花的。黄庭坚认为一干一花而香气馥郁的就是兰花啊。

【点评】

　　兰花的命名方式很是朴素，有的直接根据兰花的形态特征予以命名。这一点在独头兰的命名方式上表现得尤其明显。由于独头兰一干才开一花，所以得此称呼。谱中所记载的白兰品种中，开花最少的如青蒲、观堂主等一枝莛干也能开七朵花，而独头兰开花数量却如此之少，难怪在白兰品种中它只能屈居最次一等了。另外，独头兰整体结构并不美观，这也使它不得不甘居末流。独头兰的另一个称呼为"弱脚"，此名称颇为生动地描绘了独头兰的外表——花大茎短。文中指出独头兰的花"大如鹰爪"，大小可达二三寸，但莛干却只有二寸高，并且叶子细瘦，长度仅为二三尺。如此头重脚轻之外形，未免令人想起明朝翰林学士解缙写的一幅对联："墙上芦苇，头重脚轻根底浅；山间竹笋，嘴尖皮厚腹中空。"该联讽刺那些空有其表却无内涵的登徒浪子，而独头

陈衡恪《兰草图》

兰如此"脚软",固然是要被追求挺立端庄之形的文人所蔑视的。

尽管在世人看来不免外表"畸形",但所幸的是独头兰选择了极为有利的开花时机,稍稍弥补它在外形方面的缺憾。《艺兰秘诀》中专门介绍了独头兰的花期:"其花不开于夏秋之间,必入腊方花,俗又称之为冬兰。"也就是说,独头兰要到深冬时才会放花释香。试想,在隆冬时节,百花静寂,绝大多数兰花都过了花期,只有岁寒三友才迎雪独傲,不肯屈服。而稍显娇弱的独头兰却也赶来凑热闹,与松、竹、梅争奇斗艳,令该时节无处赏兰的爱好者们于寒意彻骨中忽闻一股暖香,着实令人兴奋不已,不禁令人纷纷赞叹独头兰真是可爱的精灵,"独占春"之称果然是名副其实啊!

观堂主。色白,七萼。干红,花聚如簇①,叶不甚高。妇女多簪之。

【注释】

①簇(cù):聚集,丛凑。

【译文】

观堂主兰,花朵白色,一茎可以开七朵花。花莛红色,花朵聚成一团,叶子不是很高。妇女多用此兰来妆戴。

名第。色白,七八萼。风韵虽亚,以出周先生读书林 先生讳匡物,元和进士榜①。邦人以先生故②,爱而存之。

【注释】

①周先生:名周匡物,生卒不详,字几本,号名第,龙溪县人,唐宪宗元和十一年(816)中进士,为漳州创设以来第一位进士,历任雍州司户、行军参军、高州刺史,有政声。

②邦人：乡里之人，同乡。

【译文】

名第兰，花色洁白，一干可开七、八朵花。风姿韵致稍差一些，由于出自周先生的读书林而得名（先生名匡物，唐元和十一年中进士）。同乡人因为敬仰周先生的缘故，喜欢并种植此兰。

【点评】

《第一香笔记》中记载："名第，色白，有五、六萼。叶最柔软，新叶长，旧叶随换。人不爱重。"看来，名第兰的花、色、香、叶都没有什么突出的特点，确实没有什么出众之处，因而得不到人们的喜爱和重视。那么，名第兰因何而出名呢？古人讲"爱屋及乌"，名第兰就是沾了漳州进士第一人周匡物的光而名扬八闽的。

漳州于唐武则天垂拱二年（686）由"开漳圣王"陈元光奏请朝廷而创设，治所在漳浦（今云霄），开元四年移治李澳川（今漳浦），辖境相当于今福建九龙江流域及其西南地区。此后人物兴蔚，但130年间没有出过进士。直到唐宪宗元和十一年（816）周匡物高中进士第四名，漳州才有了建州以来的第一位进士，故而周匡物受到各方瞩目是可想而知的。其实，周匡物之兄周匡业早在24年前，也就是唐德宗贞元八年（792）就举明经，三年后登进士。只不过唐代科举考试的科目较多，途径不一，不似后世只重进士科，故而后人编写地方志时忽视周匡业而重视周匡物。

鱼鲹兰^①。一名赵兰，十二萼。花片澄澈^②，宛入鱼鲹^③，采而沉之，无影可指。叶颇劲绿，颠微曲焉^④。此白兰之奇品，更有高阳兰、四明兰。

【注释】

①鱼鲹（shěn）：鱼子，亦指鱼脑骨。

梅兰竹菊谱

兰桂清赏图

②澄澈：清亮明洁。文中用来形容鱼魫兰晶莹剔透。

③入：宛委山堂本《说郛》作"入"，涵芬楼本《说郛》作"似"，从宛本。杨按："入"字并非"如"字之讹，其本义有合、契合之义。

④颠（diān）：顶部。

【译文】

鱼魫兰，又叫作赵兰，可开十二朵花。花瓣清亮明洁，花色灰白通透，好似鱼头骨的颜色，采摘此兰并将其沉到水里，连影子都看不见。叶子非常劲壮深绿，顶尖稍微弯曲。此兰是白兰中的奇品，另外还有高阳兰和四明兰也是奇品。

【点评】

鱼魫兰又叫玉魫兰、鱼枕兰，是建兰中的极品。早在宋代它就已经从众多兰花中脱颖而出，成为白兰中的翘楚。据史料记载，宋太祖赵匡胤酷爱兰花，下旨福建和广东地区要年年进贡建兰中的上品，首开兰花作为贡品的先例，并为以后历朝所沿用。久而久之，许多兰花品种便有了"某某大贡"的称呼。在名目繁多的品种中，赵匡胤尤其偏好"鱼魫大贡"，因此当时人又将玉魫兰称作"赵花"或"赵兰"。

《金漳兰谱》和《王氏兰谱》都夸赞鱼魫兰为品外之奇，历经千年流传，鱼魫兰之奇在兰界早已深入人心，更于奇中平添了些许神秘，有关鱼魫兰的诸多谜题最为人所津津乐道。

首先，鱼魫兰的得名由来众说纷纭，主要分歧在对"鱼魫"一词的释义上。《康熙字典》将"鱼魫"解释为鱼卵之意。鱼卵常给人晶莹剔透的感觉，以此来比喻"花片澄澈"、入水无影的鱼魫兰似乎颇为形象。但有些人认为"魫是鱼头中的骨，形似核，色洁白如玉"，也就是将"鱼魫"理解为鱼的枕骨，这是单纯以颜色的相似性来说明鱼魫兰的洁白，听来也颇有道理。福建漳平陈仁水先生在此问题上则另有一番精彩的分析："此素兰最茂时花可达十二朵，香气特别怡人，花色洁白晶亮，若将花苞投入溪水，观之形如水泡，有人称之为'白泡兰'；孩童嬉戏，常将兰瓣沉入涧水以捉迷藏，孩童戏语为'兰花沐浴'，故又称'浴沉'。那洁白晶莹的花瓣泛于溪缓流之中，不会垂直下沉而不易寻获，故儿语常曰：

‘沉鱼已遁’，则又有‘鱼沉’、‘跑花’之称。闽语‘跑花’与国语‘赵花’同音；‘鱼鳅’与‘鱼沉’同音；‘浴沉’与‘玉鳅’、‘鱼鳅’谐音；‘白泡兰’、‘跑兰’、‘鱼沉’指花片澄澈，如鱼沉入水中无影。”陈先生在《玉鳅芳容寻踪记》中，从闽语发音方面辨析了个中原因，同样具有较强的说服力。总之众说纷纭，莫衷一是，关于鱼鳅兰的名称由来在兰界仍是一个谜。

其次，有关鱼鳅兰真品早已失传的议论在兰界也颇有影响。明人张应文在其《罗钟斋兰谱》中对鱼鳅兰进行了详细记载：“玉鳅兰，一曰玉干，一曰鱼鳅，总而名之云尔。其花皓皓纯白，瓣上轻红一线，心上细红数点，莹彻无滓，如净琉璃。花高于叶六七寸，故别名出架白。叶短劲而娇细，色淡绿近白，从其花之色也。香清远超凡品，旧谱以为白兰中品外之奇，其珍异可知矣。”张应文所见的鱼鳅兰为“瓣上轻红一线，心上细红数点”，与王贵学和赵时庚两人兰谱中所描绘的已有很大出入，令人非常怀疑当时的鱼鳅兰是否为宋时的真品。其中颇具代表性的要属兰花专家吴应祥教授的观点了。他在考查了现在诸多鱼鳅兰品种后，指出它们都不符合《王氏兰谱》中所记的“十二萼”和“花片澄澈，无影可指”这两个特点，认为鱼鳅兰真品早已失传。但很多人仍持商榷态度，指出“无影可指”其实是文学性描写，有夸张成分，实际上的鱼鳅兰决不会投入水中就真能与水相融而看不见。至于一茎开十二朵花的鱼鳅兰尽管很少，但在福建民间确实存在，而明时期所见的鱼鳅兰之所以与宋时不同，是品种变异的结果。迄今为止此争论尚无定音。

碧兰。始出于叶^{兴化郡名}龟山院陈、沈二仙修行处①。花有十四、五萼，与叶齐修。叶直而瘦，花碧而芳。用红沙种，雨水浇之。莆中奇品，或山石和泥亦宜之。

【注释】

①叶：地名。前人有注曰“兴化郡名”。宛委山堂本《说郛》作“兴花郡名”，涵芬楼

本《说郛》作"兴化郡名"，今从涵本。杨按：应为"兴化军"，北宋太平兴国四年（979）改太平军而置，治兴化县（今福建仙游东北）。八年（983）移治莆田县（今福建莆田），辖境相当于今福建莆田、仙游等地。龟山院：故址在今福建莆田华亭镇三紫山。杨按：龟山院乃佛教寺庙常用名，如福建宁德蕉城区赤溪镇亦有龟山院，唐开成二年（837）建。据《仙溪志》可

丛兰图

知，此龟山院当在莆田。仙：此处非指神仙，而是不同凡俗之义。

【译文】

碧兰，最初产于莆田龟山院陈、沈两位高僧修行的地方。可开花十四、五朵，花与叶整齐等高。叶挺直而修长，花色青白，气味芬芳。用红沙土种植，以雨水浇灌。碧兰是莆中的奇品，有的用山石掺拌泥沙也适宜种此兰。

【点评】

碧兰的特点亦不明显，王贵学除了特别交待栽培碧兰的注意事项外，于其花姿、叶貌、和神韵没有过多着墨，只有"莆中奇品"四字尚给人些许遐想空间。不过，碧兰的原产地或许能引起人们的一点兴趣。龟山院的陈、沈二仙是何许人也呢？据宋黄岩孙《仙溪志》载："广济禅师，名志忠，姓陈，本县人。与真寂沈禅师雅相爱，游处必俱。唐长庆中，经行莆田龟山院北，遇六眸神龟蹑，四小龟行，俯仰其首如作礼者三，遂结庵于此。后皆趺坐而逝，

救赐广济禅师。"原来，所谓陈仙就是唐代广济禅师，俗家姓陈，名志忠，而沈仙则是俗家姓沈的真寂禅师。两人志趣相投，行居相约，共同游方。唐穆宗长庆年间（821—824），他们经行至莆田龟山院以北，得遇神龟显迹，诚心皈依，于是二高僧就地结庵修行，终以双双结跏而圆寂。碧兰能生于兹长于兹，也是志趣高洁的象征啊。

翁通判。色淡紫，壮者十六、七萼。叶最修长。此泉州之奇品①，宜赤泥和沙。

【注释】

①泉州：隋开皇九年（589）改丰州置，治所在丰县（后改为闽县，即今福建福州）。唐武德初改为建州，六年复为泉州，辖境相当于今福建全省，后分置数州，范围逐渐缩小。唐久视元年（700）分泉州置武荣州，景云二年（711）改名为泉州，治所即今福建泉州。

【译文】

翁通判兰，花色淡紫，茁壮的兰株可开花十六、七朵。叶片最为修长。此兰是泉州的奇品，红泥掺拌沙土种植比较适宜。

建兰。色白而洁，味芎而幽①。叶不甚长，只近二尺许，深绿可爱。最怕霜凝②，日晒则叶尾皆焦。爱肥恶燥，好湿恶浊。清香皎洁，胜于漳兰，但叶不如漳兰修长。此南、建之奇品也③。品第亦多，而予尚未造奇妙④。宜黑泥和沙。

【注释】

①芎（xiōng）：亦称"川芎"，多年生伞形科草本植物，产于中国四川和云南。全草

有香气，地下茎可入药。

　　②凝：冰冻，聚积。

　　③南：即南平，东汉建安元年（196）设置，治所在今福建南平。三国吴永安后属建安郡，西晋太康初改为延平县，唐设延平军，宋为剑浦县。建：即建州，东汉建安初分侯官县设置建安县，治所在今福建建瓯南。三国吴永安三年（260）设置建安郡，唐武德四年（621）设置建州，辖境相当于今福建南平以上的闽江流域。

　　④造：到……去，此处指寻访，发现。

【译文】

　　建兰，花色洁白，味似芎香但更为幽玄。叶子不是很长，大概只有两尺左右，颜色深绿，惹人喜爱。最怕霜冻，也怕太阳直接照射，遇到日晒叶的顶端就会枯黄。建兰喜欢多被施肥，厌恶土燥贫瘠，喜好多被浇水湿润，但厌恶浊水。清香白洁，姿容优于漳兰，只是叶子不如漳兰的修长。此兰是南平和建州地区的奇品。建兰品种也有很多，但我还没有寻访到奇妙的品种。该兰用黑泥掺拌沙土种植比较好。

【点评】

　　现在所谓的"建兰"也叫秋兰、四季兰、夏兰等，是指主花开在盛夏金秋之际的中国地生根兰花，主产于福建、广东等地，因此得名为建兰，另外广西、海南、江西、台湾、湖南等地也有分布。而王

花卉图

贵学所谓的"建兰"是指主产地在南平和建瓯地区的一类兰花，无论在地域范围还是内涵上，都比现在所说的"建兰"要小得多。仅仅是根据主产地区来称呼某一类兰花，这种称呼方式在宋代可能比较普遍，如漳州一带的兰花被称为"漳兰"。这种命名方式跟当时人地域视野不开阔有关，也说明了地区间的界限划分较为明显，现在意义上的建兰则包括了福建和广东两地的兰花品种。

王贵学已于"泥沙之宜"中说明了兰花的养殖条件。此处，王贵学认为另外介绍一个地域的兰花也应该涉及该类兰花的习性，但"春不出，夏不日，秋不干，冬不湿"的养兰经验同样是适用于建兰的，只是在肥、水、光的控制和度的把握上略有出入而已。

"春不出，冬不湿"讲的就是养兰要注意采取御寒措施。怕冻是建兰的习性之一，因此建兰需要在室内保暖越冬，一旦露天莳养的话，零下2摄氏度便可以使兰花冻伤。另外，冬天要保持泥土干燥，浇水过多容易使根部积水多从而冻坏根茎。除了不出室、浇水不宜过多等之外，还要注意采取的保暖措施不能失当。有人曾将兰蕙过不了冬归因为"九死于闷，一死于冻"。那么该如何正确御寒呢？《艺兰秘诀》里认为"御寒之法，亦无甚秘诀，不过藏不宜太密，泥不宜太干，日不可不晒"。可见，在采取合理的保暖措施之余，适当的浇水和日照也是必要的。

碧兰[①]。色碧，壮者二十余萼。叶最修长。得于所养，则萼修于叶，花叶齐色，香韵而幽，长三尺五寸有余。更有一品，而花叶俱短三、四寸许，爱湿恶燥，最怕烈日，种之不得其本性则腐烂。此广州之奇品也。

【注释】

①碧兰：此品亦名碧兰，与前文之莆田碧兰非同种。

【译文】

广产碧兰，花色碧绿，茁壮的兰株可开花二十几朵。叶子最为修长。若得到合理培植，建兰的花要高出叶子，花朵与叶片同一颜色，香味雅韵幽长，莛高约三尺五寸多。另有一碧兰品种，花和叶都要短上三四寸左右，喜爱湿润而厌恶干燥，最怕烈日晒，种植时不得其法，根茎就会腐烂。此兰是广州的奇品啊。

【点评】

广产碧兰与上文的"建兰"习性相近，大概是地域上接近的缘故吧。所不同的是它的叶子比"建兰"要长，如果好好莳养的话，大多数广产碧兰都能够出架。另外，两者在香味上也颇有差异：建兰"清香皎洁"，而广产碧兰却以"香韵而幽"引来了世人的怜爱。古人用字简练精辟，既然以"清"、"幽"两字品评莆田碧兰和广产碧兰香味的不同，那么两者的区别究竟何在呢？

古人有"空谷幽兰"之说，人们通常一律将中国兰花的香味称为幽香，但细细品味，不同品种的兰花其香味有很大区别，比如四季兰的芳香较浓，墨兰的香味闻来好似桂花

吴昌硕《玉兰富贵神仙图》

香。即使同一族类的兰花，其不同品种的香味也是略有差距。例如，在繁多的春兰品种中，有的是淡淡的清香，有的则香味浓烈纯正，而有的却几乎没有什么香气。可见，只是春兰一类之中即已兼具兰香的几种类型。

兰香中最为人所津津乐道的是幽香。这是一种闻后令人心旷神怡、神清气爽的芳香。此兰香的特点是如丝如缕，源源不绝，以古代词人所描写的"香风细"之语来形容，确实传神。在清风的传递下，幽香四处飘逸，沁人心脾。此香更有幽玄而温和的独特之处，尤其令人如痴如醉，引来文人墨客纷纷题咏，比如唐代崔涂《幽兰》中说："幽植众宁知，芬芳只暗持。"元代余同麓在描写幽兰香时更有神来之笔："坐久不知香在室，推窗时有蝶飞来。"真可谓兰香幽隐的生动写照。

兰香的另一种类型为清香。此香不似宋人刘克庄《兰》中所言幽香那样"赖有微风递远馨"，不能够随风飘散，就算用手掌扇动靠近花朵的空气也无缘得闻此香，只在鼻端接近花瓣时此香方才"姗姗来迟"，可以说是千呼万唤难出来啊。借用明文人李日华《画兰》中的诗句则是"鼻端触着成消受，着意寻香又不香"，故而此香又被俗称为"有香无气"。

在中国这个素来重视神韵和内涵的国度里，兰香是鉴定兰花品种优劣的重要标准之一，兰花也正是以其素雅馨香惹人怜爱。此外，兰香在很多方面也颇有功效。兰花香气清烈芬芳，用来薰茶，品质最好。古时有谣传说兰花能驱邪辟疫。有些人认为瘟疫流行是因为秽邪不正之气由口鼻侵入人体所致，而兰花色白气香，尤其是秋兰秉持了秋天肃杀清正之气，人一旦吸入兰香，就可以屏退邪气了。

兰香九重韵尤浓，在中华大地上，兰香数千年而绵延不绝，其幽远淡雅已经涵化为中华文明的特有气质之一。薰染在这"一重满屋，二重宽中，三重理气，四重回肠，五重除烦，六重醒神，七重明目，八重益智，九重归心"的九重兰香之中，磨砺操守，体味人生，恬淡自然，君子有容，兰我归心，万古无穷，这才是中国兰文化的真精神啊！

梅兰竹菊谱

竹谱

[南朝宋]戴凯之

　　《竹谱》一卷，南朝宋人戴凯之撰。戴凯之，生卒年不详，字庆预，或作庆豫，武昌郡（今湖北鄂州）人。据《南齐书·武帝纪》记载，南朝宋明帝泰始二年（466），戴凯之追随江州刺史、晋安王刘子勋叛乱，曾任南康（今江西赣州）相。后被萧赜（zé，即后来的南朝齐武帝）平叛，戴凯之弃城奔走，下落不明。从《竹谱》内容来看，当为戴凯之任职南康期间所作，约成书于5世纪中期，是我国乃至世界上现存最早的一部竹类专著，曾被收入《隋书》和《旧唐书》的"经籍志"。另据唐前期徐坚《初学记》所言，《竹谱》共记载了61个竹类品种，到唐中后期段成式《酉阳杂俎》则谓《竹谱》中"竹类有三十九"，至清代《四库全书总目提要》又说《竹谱》载竹"今本乃七十余种"，诸记载出入较大。考宋刻《百川学海》本《竹谱》与四库内府藏本《竹谱》在条目上并无较大差异，"七十余种"之说究其原因，一为"类"与"种"的归属计算方法不同，一为同竹异名、同名异竹所致。现存版本《竹谱》只有45种左右，排除类种之分、同竹异名、同名异竹等诸因素，仍有大量竹子品种已经失载。因传写日久，《竹谱》多有阙文讹字，本书以宋刻咸淳左圭《百川学海》宋刻本为底本，参比《四库全书》本，整理校译。

植类之中，有物曰竹。不刚不柔，非草非木。

《山海经》、《尔雅》皆言以竹为草[①]，事经圣贤，未有改易。然则称草[②]，良有难安。竹形类既自乖殊[③]，且《经》中文说又自背伐[④]，《经》云"其草多竹"[⑤]，复云"其竹多箪"[⑥]，又云"云山有桂竹"[⑦]。若谓竹是草，不应称竹。今既称竹，则非草可谓知矣[⑧]。竹是一族之总名，一形之偏称也。植物之中有草、木、竹，犹动品之中有鱼、鸟、兽也。年月久远，传写谬误[⑨]，今日之疑，或非古贤之过也。而此之学者谓事经前贤[⑩]，不敢辨正。何异匈奴恶郅都之名[⑪]，而畏木偶之质耶[⑫]！

【注释】

①《山海经》：成书于我国古代先秦时期的一部重要典籍。主要记载了古代山川、道里、风物、祭祀、神话、传说等内容，同时也保存了许多古代历史、民族、民俗、医药等方面的重要材料。有西汉刘歆校定，东晋郭璞传注，明杨慎补注，清毕沅新校、郝懿行笺证，世称古代奇书。《尔雅》：我国现存最早的一部解释词义的典籍。相传为周公或孔子门徒所作，实则成于秦汉间经师之手。今本三卷十九篇，前三篇释诂、释言、释训主要解释语辞，后十六篇专门解释名物术语。

②则：四库本"则"作"竟"。

③乖（guāi）：背离，抵触，不一致。

④伐：四库本"伐"作"讹"。

⑤其草多竹：《山海经》中多处出现"其草多竹"，比如《西山经》："高山……其草多竹"，《中山经》："荆山……其草多竹"、"大尧之山……其草多竹"、"师每之山……其草多竹"、"夫夫之山……其草多竹"。在这些记载中，显然把竹归为草类。

⑥箪（mèi）：竹名。《山海经》中关于箪的记载有，《西山经》："英山……其阳多箭箪"，《中山经》："牡山……其下多竹箭、竹箪"、"求山……其木多苴、多箪"、"暴

双钩竹图

山……其木多棕、楠、荆、芑、竹、箭、箬、箘"。在这些记载中，又把竹箬归为木类。

⑦云山：卫挺生等认为云山即湖南石门大同山，郭郛认为是湖北利川七曜山，史为乐认为在湖南武冈南三十五里。"云山有桂竹"一句出自《山海经·中山经》"中次十二经"："又东南五十里，曰云山，无草木。有桂竹，甚毒，伤人必死。"此处明显不把桂竹归为草木之类。

⑧可谓知矣：四库本为"可知矣"，无"谓"字。

⑨谬（miù）：错误。

⑩此之学者：四库本"此"作"比"。

⑪匈奴：我国古代北方民族之一。曾先后称鬼方、混夷、猃狁等，秦汉时称匈奴。散居大漠南北，逐水草而居，善骑射。恶（wù）：憎恨，讨厌。郅（zhì）都：西汉著名大臣，河东大阳（今山西洪洞）人。汉景帝时拜为中郎将，敢直谏，累迁至中尉，以峻法弹压富强，打击宗室，号称"苍鹰"，政声远播塞外。

⑫畏木偶：《史记·酷吏列传》载："匈奴素闻郅都节，居边，为引兵去，竟郅都死不近雁门。匈奴至为偶人象郅都，令骑驰射莫能中，见惮如此。"匈奴人惧怕郅都的节操威名，得知他就任雁门太守，竟全军后撤。直至郅都死，匈奴也不敢靠近雁门郡。匈奴首领曾刻制像郅都的木偶，命令匈奴骑兵飞马瞄射，结果没有一人能射中，畏惧郅都

竹
谱

到如此程度。

【译文】

植物的种类之中，有一类称为竹。它们并不刚硬僵直，又不柔细婀娜，既不属于草类，也不是木族，是植物中独特的一个类群。

《山海经》、《尔雅》等著作都把竹归属为草类，虽然这种观点经过圣贤的编辑订正，但是归竹于草却也没有改变。然而将竹划归草类并不符合事实，确实令人心有难安。竹子的形态品质不同于草，自与草类性状背离不一样，况且《山海经》中的说法也是自相矛盾。比如，《山海经》中多处说"其草多竹"，这是将竹归为草类；又说"其竹多箭"，这是将竹子单独看作一个品类（杨按：此处戴谱误记，应是将竹箭划归木类）；还说"云山无草木，有桂竹"，又不把竹子当成草木看待。如果认为竹属于草，就不应命名其为竹，现在既然特称其为竹，那么竹非草类也就可想而知了。竹是一类植物的总称，又是针对某一植物形态的专称。植物中有草、木、竹的划分，就像动物中有鱼、鸟、兽的区分一样啊。随着时间的流逝久远，典籍在传抄过程中出现错误，这才引发了当下的疑惑，有的并不是古圣先贤的过错啊！然而有些学者认为，竹归草类的说法是经过前贤勘验过的，就不敢予以辨别校正。这与匈奴人因厌恶郅都的威名，进而害怕他的木偶像，直至不敢辨别实质，此两者又有什么区别呢！

【点评】

竹子因其独特的生长习性和外部形态特征，使得古人对于竹子如何进行归属分类，存在较大的误区和分歧。首先，从文字上来说，"竹"是象形文字，像两根竹竿上长着对生的下垂竹叶。东汉许慎的《说文解字》中说："竹，冬生草也。象形。"从形态上指明"竹"字就是仿照自然界竹子的形态而造就的汉字，同时也通过描述竹子的生长习性来进一步解释"竹"字。许慎尽可能抓住竹子的最独特生长习性，于是就以"冬生草"即冬天还能旺盛生长的草类，来与其他草类植物相区别。在我国现存最早的一部辞典性质的书《尔雅》中，也将竹归属于草类。然而，有些人仅就竹的外形特征就提出相反意见，认为竹属于木类。因为竹子比

四清图

一般的草类都要高大挺拔，与树木更相似。不过，马上有人指出，竹子没有像树木那样的年轮，不应当归为木类。基于以上意见分歧，南朝宋的戴凯之另辟蹊径，提出竹"非草非木"，是植物中独特的一个品类。应当说，戴凯之的这种认识，在古代社会当时的生产和科技条件下是非常难得的。尤其是他不教条对待经典，不迷信先贤权威，敢于大胆质疑，勇于积极探索的钻研精神是特别难能可贵的。

其实，中国古人对于草与木的区别并不是时时刻刻都壁垒森严的，有时二者的界限非常模糊，特别是以草木代指各类植物的总称时，二者经常可以互称。清代著名学者赵翼在《陔馀丛考》卷二十一《禽兽草木互名》条中指出，就像兽有时也称禽，禽有时也称兽一样，草木也可以"互名"。比如郑瑗《井观琐言》谓五行有木而无草，则草亦可以称为木。《洪范》里说"庶草蕃庑"而没有提到木，则木亦可称为草。再有，"《尔雅·释草篇》称：'笋，竹萌。'《山海经》：'其草多族，厥族多箭。'皆以竹为草类，是竹本亦谓之草也"。上面的记述很显然，在赵翼的潜意识里，将竹归为木类。而偏偏《尔雅》、《山海经》将竹归为草，所以他才得出结论"草木可以互名"。从上面的例子不难看出，在中国古代的文献中，"草"与"木"在某些情况下是类指而不是特指，要依照具体语境和上下文来分析其真实含义。

那么，在现代的植物分类学中，竹子究竟是"草"还是"木"呢？众所周知，在当代植物分类学中并没有"草科"的分类，人们一般俗称的草类大多归属于"禾本科"，竹子就是禾本科的一个分支竹亚科的通称。竹子的独特之处就在于它的茎分为两部分，一部分为地上茎，就是通常所说的"竹秆"，另一部分为地下茎，又称为"竹鞭"。由于竹子的地上茎系多年木质化而成，所以容易被误认为是木本。

小异空实，大同节目^①。

夫竹之大体多空中，而时有实，十或一耳，故曰小异。然虽有空实之异，而未有竹之无节者，故曰大同。

【注释】

①节目：树木枝干交接之处为节，纹理纠结不顺的部位为目。

【译文】

竹子有茎壁厚薄空实的小差异，但却没有分节与否的大区别。

竹子大多数都是空心的，偶尔也有实心的，十个中偶遇一个罢了，所以才说是小差异。然而，虽然竹子有空心实心的差别，但却从来没见过竹子不分节的，因此称之为大同。

【点评】

《格物总论》中记载："竹，中虚，白膜。外皮青绿色，或黄或紫，或斑驳文。或小或大，或长或短，种族最多。大抵皆自根而茎，茎皆有节，茎间节处生枝，枝每两之。枝亦有节，枝间节处生叶，叶每三之。"这是就竹子的一般形态进行归纳概括的。大多数竹子的茎秆是中空的，内壁附有薄薄的白膜。当然也有少数竹子是实心的，比如棘竹、般肠竹、筇竹等，适于造箭或制作拄杖。一般竹子都是青绿色的，也有黄色和紫色的，有的还带有斑纹。竹茎的长度也长短不等，茎围粗细不均，没有标准的尺度。另外，竹茎也并不都是圆筒状的，有一类竹子就是方形的。比如《御定广群芳谱·竹谱》记载："方竹，产澄州，体如削成，劲挺堪为杖。"《东斋记事》："武陵桃源山有方竹，四面平整如削，坚劲可以为杖。"竹节处长出竹枝，竹枝上也有小节，竹叶就从这里生出。由此看来，分节生长是竹子的一大生理特点。那么，是不是所有的竹子都分节呢？

依据戴凯之的说法，他确信凡是竹子都有节，没有无节的竹子。其实这也并不是绝对

梅兰竹菊谱

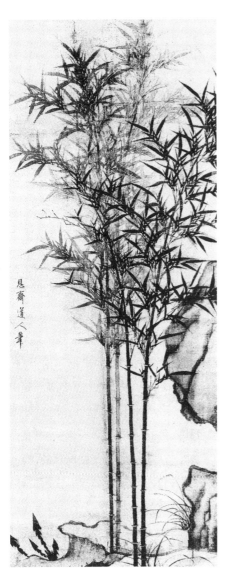

四季平安图

的。《广群芳谱·竹谱》中就记载，"无节竹，出瓜州"，又有"通竹，直上无节而空洞，出溱州。"古代的瓜州有三指，或是指今甘肃安西、敦煌之地，或是指今江苏邗江县瓜洲，或指今陕西长安瓜洲村，不能确定，总之瓜州产有无节的竹子。溱州是指今河南泌阳附近，产有一种中间空而没有节的通竹。极有可能在戴凯之撰写《竹谱》的时候，他没有听闻过竹子无节的品种，而到清代康熙年间编撰《御定广群芳谱》时，无节竹已经不算什么奇闻了。正所谓"世界之大，无奇不有"，方竹也好，无节竹也罢，都表明竹子这个大家族"人丁兴旺"，品类繁多。

戴凯之的《竹谱》中总共记载了61种竹子，而北宋文学家黄庭坚"以为竹类至多，《竹谱》所载皆不详，欲作《竹史》"。不过，未知何种原因，黄庭坚许下大愿的《竹史》并没有能够成书。戴凯之的《竹谱》迄今为止，仍然是世界上现存最早的一部竹类专著。后世随着竹子在人们日常生活中的影响越来越大，在艺术形象上的地位越来越高，关于竹品或竹画的文献记载也越来越多。比如元代刘美之《续竹谱》、李衎（kàn）《竹谱详录》、明王象晋《群芳谱》、清《御定广群芳谱》等，都保留有大量关于竹子的记载和图谱，为今人研究竹子的品种和分布提供了宝贵的资料。

或茂沙水，或挺岩陆。

桃枝、筼筜^①，多植水渚^②。篁、筱之属^③，必生高燥。

【注释】

①筼筜（yún dāng）：竹名，皮薄，节长而竿高。

②渚（zhǔ）：小洲，引申为水边。

③篁（huáng）：竹名。体圆质坚，皮如白霜。筱（xiǎo）：小竹，可做箭。

【译文】

有的竹子茂盛地生长在水边滩涂，有的竹子则挺然傲立在山岩陆野之上。

桃枝竹和筼筜竹大多生长在水边小洲上，而篁竹和筱竹之类的竹子，则必定生长在高处干燥的地方。

【点评】

《广群芳谱》中说竹子"耐湿耐寒，贯四时而不改柯易叶，其操与松柏等。喜湿恶燥，亦不宜水淹其根，根之发生，喜向上行，其性又与菊等"。竹子的茎秆和叶片常年保持稳定的形态，并不随着四季的变迁而有较大变易，因此古人称之为"不改柯易叶"，将它与松树和柏树相比拟，赋予了操守坚定的文化寓意。虽然"喜湿"和"耐寒"是竹子的两大习性，但都有度的限制。喜湿而不能过湿，尤其是水不能淹漫竹根。耐寒而不耐严寒，酷寒则易导致竹鞭冻死。所以，尽管都是竹类，篁竹和筱竹之类的竹子则更喜欢在高坡干燥的地方生长，不适合在低洼潮湿的地区培植。竹子喜欢营养，需要常将河泥添加到根基部位，这样才能使竹干挺拔青绿。另外，到了冬季还要特地在根基部位用厚土覆盖，防寒防冻。一般情况下，竹子依靠地下茎来繁殖。竹鞭上生出竹笋，再长成茎秆。竹笋的"笋"字，古代又作"筍"。筍字取意于"旬"，陆佃《埤雅》记载说："旬内为筍，旬外为竹。今谓竹为妒母草，谓筍生六日而齐母也。"表明竹笋的生长速度非常快，一旬十日之间就会有很大变化。一旬之内还能称为竹笋，一旬过后就已经变成修竹了。更有甚者，六天就能与母竹长得一样高，所以又被称为

"妒母草"。竹子的这种生长习性,使得竹子不能无限制萌发生长,一般每隔四年就要伐竹一次,将成竹伐倒才不会妨碍新笋的生长,也才能保正竹林新陈代谢,繁密旺盛。

条畅纷敷,青翠森肃。质虽冬蒨①,性忌殊寒。九河鲜育,五岭实繁。

九河即徒骇、太史、马颊、覆釜、胡苏、简、絜、钩盘、鬲津②,禹所导也,在平原郡③。五岭之说,互有异同。余往交州④,行路所见,兼访旧老,考诸古志,则今南康、始安、临贺为北岭⑤,临漳、宁浦为南岭⑥。五都界内各有一岭,以隔南北之水,俱通南越之地⑦。南康、临贺、始安三郡通广州⑧,宁浦、临漳二郡在广州西南,通交州。或赵佗所通⑨,或马援所并⑩,厥迹在焉。故陆机请"伐鼓五岭表"⑪,道九真也⑫。徐广《杂记》以剡、松阳、建安、康乐为五岭⑬,其谬远矣。俞益期《与韩康伯》以晋兴所统南移、大营、九冈为五岭之数⑭,又其谬也。九河鲜育,忌隆寒也。五岭实繁,好殊温也。

【注释】

①蒨(qiàn):草木青葱的样子。

②九河:《尔雅·释水》中指徒骇、太史、马颊、覆釜、胡苏、简、絜、钩盘、鬲津等九条河流,当在今华北平原一带。

③平原郡:西汉初置,治所在平原县(今山东平原西南),辖地相当于今山东平原、陵县、禹城、齐河、临邑、商河、惠民、阳信等地。

④交州:东汉始置,三国吴黄武五年(226),分交、广二州,交州治龙编(今越南仙游),辖境相当于今广西钦州、广东雷州、越南北部和中部一带。

⑤南康:南康郡,西晋太康三年(282)设,治所在今江西于都,后迁至今江西赣州,辖境相当于今江西南康、赣州、兴国、宁都等地。始安,始安郡,三国吴甘露元年

（265）分零陵郡置，治所在始安县（今广西桂林），辖境相当于今广西桂林、平乐、永福等地。临贺：临贺郡，三国吴黄武五年（226）设，治所在临贺县（今广西贺州），辖境相当于今广西贺州、钟山、富川，湖南江永、江华等地。

⑥临漳：临漳郡，又作"临瘴"、"临障"。南朝宋设置，辖地相当于今广西合浦、浦北、灵山等地。宁浦：宁浦郡，西晋太康七年（286）改置，辖地相当于今广西横县。

⑦南越：西汉高帝四年（前203），南海龙川令赵佗自立为南越武王，十一年（前196）遣陆贾立赵佗为南越王，都番禺（今广东广州），疆土包括今广东、广西、海南三省区及越南北部地区。

⑧广州：三国吴永安七年（264）置，治在番禺，辖今两广大部地区。

⑨赵佗（tuó）（？—前137）：恒山郡真定（今河北正定）人，南越国第一代国王，引进中原文化，促进岭南地区的开发。百川学海本作"赵他"，"他"同"佗"。

⑩马援（前14年—49）：字文渊，扶风茂陵（今陕西扶风东）人，东汉开国名将。汉光武帝建武十八年（42），马援为伏波将军，率军大破交趾。

⑪陆机（261—303）：字士衡，吴郡华亭（今上海松江）人，西晋文学家、书法家。伐鼓五岭表：见陆机

雨竹图

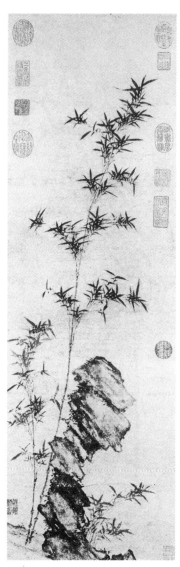

水竹图

《赠顾交趾公真诗》："伐鼓五岭表，扬旌万里外。远绩不辞小，立德不在大。"南宋周去非《岭外代答·地理·五岭》云："自秦世有五岭之说，皆指山名之，考之乃入岭之途五耳，非必山也。"可见，也有人将五岭解释为通往岭南地区的五条道路。

⑫九真：九真郡，西汉初南越赵佗置，元鼎六年（前111）归汉，辖地相当于今越南清化、河静两省及义安省东部地区。

⑬徐广（351—425）：字野民，祖籍东莞郡姑幕（今山东莒县北），家居京口（今江苏镇江），东晋著名学者。博览百家，学问精深，著作颇丰，与兄徐邈名重当时。剡（shàn）：西汉设置，治所在今浙江嵊（shèng）州。松阳：东汉建安四年（199）分置，治所在今浙江松阳西北。建安：东汉建安初分侯官县置，治所在今福建建瓯南。康乐：西晋太康元年（280）改置，治所在今江西万载东北罗城。此处剡、松阳、建安、康乐大体是指浙江会稽山、仙霞岭、福建五夷山、江西九岭山等山区。

⑭俞益期：又作"喻希"，豫章（今江西南昌）人，东晋升平末为治书侍御史。北魏郦道元《水经注》中说："俞益期性气刚直，不下曲俗，容身无所，远适在南。"俞益期本是一个名不见经传的普通文人，但他远走扶南（今柬埔寨），将所见所闻以书信形式写给豫章太守韩康伯，名为《与韩豫章笺》或《与韩康伯

书》,世称《交州笺》。信中描述了5世纪时中南半岛的状况,是不可多得的珍贵地理文献。韩康伯:名伯,字康伯,颍川长社(今河南长葛西)人,东晋玄学思想家,曾任豫章太守,又称韩豫章。南移:地属武平郡,三国吴建衡三年(271)置,西晋时辖境相当于今天越南永福、北太两省地区。

【译文】

竹枝条条舒展,竹丛纷繁铺展,青葱翠绿,森郁清肃。竹子从体质上说虽然冬天依旧葱绿,但生长习性最忌讳严寒。竹子很少生长在北方九河平原地区,而在南方五岭地带却非常繁茂。

九河就是指徒骇河、太史河、马颊河、覆釜河、胡苏河、简河、絜河、钩盘河、鬲津河等九条河流,据说都是由大禹所疏导的,分布在平原郡地区。五岭的具体所指,众多说法互有异同。我曾经前往交州,依据路途所见,并采访熟知旧事的老人,再考订古代地理志书,终于搞清楚了五岭的所在,即当下南康郡、始安郡、临贺郡地区为北岭,临漳郡和宁浦郡地区为南岭。五郡界内各有一条山岭阻隔了南北水流,成为分水岭,并都有道路通达南越地区。南

雪竹图

康、临贺、始安三郡可以通达广州，宁浦、临漳二郡在广州西南方，可以通达交州。有的地区是西汉赵佗所创通的，有的地区是东汉马援吞并进来的，他们活动的遗迹还在呢。因此陆机请求"讨伐五岭之外"，取道九真郡地区。徐广在《杂记》中以剡、松阳、建安、康乐地区为五岭，其错误差太远了。俞益期《与韩康伯书》将晋朝建立初期统治的南移、大营、九冈地区划为五岭，也是错误的。九河地区之所以很少生长竹子，是因为竹子忌讳严寒。而五岭地区竹子长势繁茂，是因为竹子习性喜好偏暖的缘故啊。

【点评】

竹子适于生长在温暖潮湿的自然环境中，而中国北方冬季的严寒非常不利于竹笋发育，因此，在北方地区竹子非常罕见。戴凯之生处的时代正值南北朝分立，想必他也没有多少机会跨过淮水到北方去实地考查，故而他凭借人们栽植竹子的经验，以及自己在赣南地区生活的经历，做出了"九河鲜育，五岭实繁"的判断，应当说这个判断在通常意义下是符合实际情况的。不过，沧海桑田，自然环境的变迁有时也是非常剧烈的。比如，今天的黄土高原地区，气候干燥，水土流失，沟壑纵横，植被稀少，然而在地质史上，这一地区曾经气候温润，河流交错，森林茂密，两个时代的地表景观差距甚远。如果说青青翠竹曾经在陕北高原大面积分布，今人可能觉得是痴人说梦，可是在历史上这却是千真万确的事实。

北宋著名科学家沈括在《梦溪笔谈》中留有关于竹子化石的详细记载。他说："近岁延州永宁关大河岸崩，入地数十丈。土下得竹笋一林，凡百茎，悉化为石。延郡素无竹，此入在数十尺土下，不知其何代物。无乃旷古以前，地卑气湿而宜竹耶。"延安永宁关附近黄河的河岸崩塌，深入岸地数十丈，露出了大片竹笋化石，引得沈括猜测可能在远古时期，陕北地区地势低洼，气候温润，适宜竹子生长。品读这则史料，我们既感佩沈括的超前科学洞察力，又可知起码到北宋时期，陕北已经见不到竹子分布了。而且以后元、明、清时期，北方均视竹子为珍异植类，达官贵人每每以在私家园林中养竹为争胜。

萌笋苞箨①，夏多春鲜。根干将枯，花覆乃县②。

竹生花实，其年便枯死。蕧，竹实也。蕧音福。

【注释】

①苞：通"包"。四库本"苞"作"笣"（bāo），竹名。箨（tuò）：竹皮，竹笋上一片一片的皮。

②蕧（fù）：竹子开花后所结果实，又称竹实、竹米。县（xuán）：悬挂，吊挂。

【译文】

萌发的竹笋外表包裹着层层竹箨，虽然夏季数量很多，但春天的竹笋最鲜嫩。当竹根和茎秆即将枯萎的时候，竹子就会开花结果，竹花和竹米纷纷悬挂在枝头。

竹子在开花结果的当年就会枯死。蕧就是竹子的果实，蕧字发音为"福"。

【点评】

竹笋又称为"竹牙"、"竹芽"、"竹肉"、"竹胎"，它的外面包裹一层又一层的竹皮，真似包裹婴儿的襁褓（qiǎng bǎo，包婴儿的被子和带子）一样，难怪又被称为"竹胎"呢。《格物总论》中说："初出地为笋，笋节有箨包之。及成茎抽之，而箨遂渐次脱落，脱落处有粉。岁久而茂，茂则成林。"伴随着竹笋的拔节抽长，箨皮会依次脱落，并且脱落的地方还会留有白霜粉。这样经过几年的拔笋生长，一根竹鞭就会繁衍出一束竹丛，进而发展茂盛的竹林。

"雨后春笋"这句成语原指竹笋生长速度很快，现比喻美好事物迅速涌现。北宋著名诗僧惠洪在《冷斋夜话》中载有一则佳句，形象描绘了竹笋萌发时的情景。当时西湖畔有位僧人清顺，怡然清苦参修多年，吟有十首竹诗，其中一首云：

城中寸土如寸金，幽轩种竹只十筒。

春风慎勿长儿孙，穿我阶前绿苔破。

诗中释清顺好像在用商量的口吻与春风对话说："城中寸土寸金，我没那么大的地方，只种了十杆竹子。您可千万别让他们再长竹笋儿孙了，否则就只有穿破我台阶前的绿苔了。"

仇英《修竹仕女图》

读罢全诗, 眼前呈现出慈悲的清修僧人面对雨后春笋破土而出, 只有摆出两手摊开无可奈何的样子, 不禁令人莞尔。

笯必六十①, 复亦六年。

竹六十年一易根, 易根辄结实而枯死。其实落土复生, 六年遂成町②。竹谓死为笯。笯音纣。

【注释】

①笯(zhòu): 竹子枯死。

②町(tīng): 田亩, 田地。

【译文】

竹子每六十年必定枯死, 待六年后种子萌发又复生。

竹子六十年换一次根, 换根时竹子就会结实既而枯死。竹子的果实落到土里会重新萌生, 经过六年以后又能长为成亩成片的竹林。

【点评】

竹子属多年生一次开花植物, 开花一次之后, 一个生命周期也就随之结束了。但是, 不同品种的竹子的生命周期却不相同, 有长有短, 差别很大。比如, 唐竹没有开花规律, 开花随意性强; 群蕊竹、线痕箣竹一年左右开一次花; 牡竹、版纳甜竹、茨竹、马甲竹需要30年左右才开花; 箣竹的某些种类需要80多年才开花; 而桂竹则需要长达120余年才开花。竹子开花时, 开花和结果需要消耗大量营养, 竹鞭和茎秆储存的养料被耗尽, 整枝竹子也就枯死了。不过, 个别品种的竹子也不完全枯死。例如雅竹开花后, 地上茎枯死, 而地下茎并未完全枯死, 竹芽还能复生; 水竹开花后茎秆仍然保持绿色, 并不枯死。

竹子开花这一现象很早就被中国古人认识了。《感应经》中这样写道: "竹生花, 其年便枯。竹六十年易根, 易根必花, 结实而枯死。实落复生, 六年而成町。子作穗, 似小麦。" 这则

清闷阁墨竹图

记载显然与《竹谱》的相关记载是同源的。由于竹子开花非常罕见，并且开花过后竹子枯死，所以古人往往容易将这一现象与灾祸联系起来，认为竹子开花是大灾的前兆。其实，竹子开花是极其正常的自然现象，与灾异并没有必然联系。相反，在灾害来临之际，竹米还能解救百姓的疾苦和生命。

《本草纲目》说竹米"通神明，轻身益气"，可以食用。五代时期王仁裕的《玉堂闲话》中就记载了一次发生在唐昭宗天复年间的竹米救灾的事例。唐昭宗天复四年（904），岁在甲子，自陇山往西南，直至陕南、四川等地，几千里范围内大旱无雨，饥民到处流散。从冬到春，饥民以啃食草木为生，甚至发生了骨肉相食的惨剧。这一年，山间的竹子不分老幼大小全部开花结实。饥民们就采竹籽舂米充饥，比稻米糯米还珍贵。竹米比较粗糙，颜色粉红，与红粳米差不多，味道更馨香些。于是附近数州民众纷纷进山采食竹米，空寂的溪谷顿时成为闹市一般，有的人甚至还搭建囷仓储藏竹米。家里还有余粮的人家，将竹米与荤菜肉类混在一起吃，结果大多呕吐，十有八九会中毒而死。竹子开花结实以后，全部枯萎了，大约经过十年才又重新复生。然而若不是竹米救荒，恐怕要有许多百姓死于饥荒之中，真"可谓百万圆颅，活之于贞筠之下"。

　　鐘龙之美^①，爰自昆仑^②。

　　鐘龙，竹名。黄帝使伶伦伐之于昆仑之墟^③，吹以应律。《声谱》云"鐘龙大竹"^④，此言非大小之称。《笛赋》云鐘龙^⑤，非也，自一竹之名耳。所生若是大竹，岂中律管与笛。

【注释】

　　①鐘（zhōng）龙：竹的一种。也作"鐘笼"、"钟龙"。

　　②爰（yuán）：句首语气助词。昆仑：又作"崑苍"、"崐岭"，神话和古史中的山名，今在西藏和新疆之间。上古时期的昆仑一般是指地理上的昆仑与神话中的昆仑相结合的意向。

　　③黄帝：古史中的部族首领。少典之子，姓公孙，居轩辕丘，又号"轩辕氏"。又居姬水，遂改姬姓。定国于有熊，亦称"有熊氏"。败炎帝，战蚩尤，被尊为部落联盟的首领。伶伦：又作"泠纶"、"泠伦"，传说中黄帝的乐官。墟：通"虚"，大山丘。昆仑丘谓昆仑虚。文中指昆仑山阴。

　　④《声谱》：三国两晋南北朝时期的音韵书之一，似指李槩《声谱》。

　　⑤《笛赋》：即《长笛赋》，东汉著名经学家马融（字季长）所著，有"惟鐘笼之奇生兮，于终南之阴崖"之句。

【译文】

　　鐘龙竹的美名是得自于昆仑山。

　　鐘龙，竹名。黄帝曾经命令伶伦，到昆仑山阴之中砍伐此竹，制成律管，吹奏出来的声音符合黄钟宫律。《声谱》中提到"鐘龙大竹"，这话不是说大小的意思。《笛赋》中说鐘龙，也不是指大小，是一种竹子的名称啊。如果生长的是一种大竹子，怎么能适合制作律管和笛子呢。

竹石图

【点评】

　　籥龙竹的名字非常大气，并且与传说中黄帝命伶伦创作十二律有直接关系，因而在中国古代音乐史上占有重要地位。《吕氏春秋·仲夏记》"古乐篇"记载，黄帝曾经命乐官伶伦制作音律，以调和元气。于是伶伦从大夏山出发西行，到达昆仑山的山阴，在嶰豀（xiè xī）谷中采得一种竹子。这种竹子"生空窍厚钧"，伶伦去掉两端的竹节，留下中间的部分，在三寸九分的位置吹奏，定为黄钟宫律。他又制作了十二竹筒，模仿凤凰鸣叫的声音，将雄鸣六声定为六阳律，雌鸣六声定为六阴吕，创作出了十二律。这种采自昆仑之墟、嶰谷之中的竹子就是籥龙竹。

　　另外，在《竹谱详录》中还记有一种"钟龙竹"。《南越志》里说："罗浮山生竹皆七八寸圆，节长一二丈，谓之钟龙竹。"张衡的《南都赋》、陈子昂的《修竹篇》也都提到"钟龙生南岳"。这种竹子又长又粗，正如戴凯之所置疑的，显然"不中律管与笛"，照常理应该不是籥龙竹。然而，如果站在神话传说的角度来考虑，也不免让人产生疑窦：黄帝和伶伦都是神性与人性兼具一身的形象，会不会他们所吹奏的律管与笛子也比常人所用之物神异呢？会不会比凡间的管笛更长大些呢？如此说来，籥龙竹也有可能是一种大竹。姑且存而不论吧。

员丘帝竹^①，一节为船。巨细已闻，形名未传。

员丘帝俊竹^②，一节为船。郭注云^③："一节为船，未详其义。""俊"即"舜"字假借也^④。

【注释】

①员丘：中国古代神话中众神所居之地。

②帝俊（shùn）：《山海经》中天帝之名。帝俊在人间的化身，一说即帝喾（kù），高辛氏，姬姓，相传为黄帝曾孙，尧的父亲；另一说帝俊即帝舜。戴谱采用帝舜说。

③郭注：郭璞（pú）《山海经》注。郭璞（276—324），字景纯，河东闻喜（今山西闻喜）人，东晋著名学者，曾注释《周易》、《山海经》、《尔雅》等典籍。

④舜：即虞舜，古帝名，姚姓，有虞氏，名重华，受禅于尧。假借：汉字六书之一，即汉字六种造字方法中的假借法，本无其字，依声托事。

【译文】

住在员丘的天帝种有竹子，据说它的一个竹节就能造一条船。它体态巨大早已闻名，可惜其实体样本和名称没有流传下来。

居住在员丘的帝俊有一种竹子，一节就能造一条船。《山海经》郭璞注释说："'一节为船'，不了解其具体含义是什么。""俊"字就是"舜"字的假借啊。

【点评】

帝俊在中国上古传说及典籍中是神性和人性兼具一体的形象，有关他的活动和谱系都非常神异离奇。比如关于他所在的员丘，西晋张华《博物志》中记载说："员丘山上有不死树，食之乃寿。"看来此处是一块仙气钟萃的地方，草木都能长生不衰。

员丘山上不仅有长生不死树，还生长有巨竹。《山海经·大荒北经》中曾经记载："丘方圆三百里，丘南帝俊竹林在焉，大可为舟。"郭璞注释说："言舜林中竹一节则可以为船也"，也就是"竹一节间，可为舡也"，舡的音义都同船。若单纯从字面意思猜测，那么这种巨竹的

墨竹图

节与节之间的距离一定较长，竹中空虚，竹的直径也必须很大，将其伐倒，取两个竹节所夹中间一段，再从中一剖为两半，这样一个槽形的竹舟就做成了。这种造舟方法颇有点类似《周易·系辞下》中谈到的"刳（kū）木为舟"，只不过省去了削挖实心的过程。但是，至于究竟什么样的竹子可以一节造一条船，郭璞也没有讲清楚。

"一节为船"虽然给后世留下了一个难解的谜团，然而在我国古代文献中却不止一次提及这类巨大无比的竹子。例如，《南方草木状》里说："云邱竹，一节为船，出扶南晋安。然今交、广有竹，节长二丈，其围一、二丈者，往往有之。"《海物记》中说："番禺有舜林之竹，曰'天竹'。注云其节大中汲桶然。今交、广中，竹节长一丈，围一二尺者，往往有之，即此竹也。"修成于北宋的《广韵》也引用了一条《神异经》中的记载："筛竹，一名太极，长百丈，南方以为船。"舜林之竹和筛竹的体态都很大，都生长在南方地区，也能用来造船。对于上述记载的真实性和准确性，今人已经很难验证了，而且拿现在的眼光来看，成千丈、成百丈的竹子似乎不太可能。不过，在中国南方地区生有一种楠竹，直径可达15厘米，编排起来可以造船，这是确实可信的。

桂实一族，同称异源。

桂竹。高四五丈[①]，大者二尺围[②]，阔节大叶，状如甘竹而皮赤，南康以南所饶也。《山海经》云："灵原桂竹，伤人则死。"[③]是桂竹有二种，名同实异，其形未详。

【注释】

①丈：长度单位。十尺为一丈，南朝时约相当于现在的2.58米。

②尺：长度单位。南朝时期一尺约相当于现在25.8厘米。

③"灵原"两句：《山海经·中山经》"中次十二经"记载："（洞庭山）又东南五十里，曰云山，无草木。有桂竹，甚毒，伤人必死。"戴谱中的"灵原"，或指零水之源，即今天的广西东北部地区。此处《山海经》郭璞注可能出现了窜误，导致戴凯之也出现了误记。

【译文】

桂竹实质上是一族类的称呼，名称虽然相同，本源却有差异。

桂竹，高四五丈，大的直径有二尺左右，竹节疏长，竹叶较大，外貌像甘竹，但竹皮是红色的，在南康郡以南地区生长茂盛。《山海经》中说："云山桂竹，有毒性，若伤害到人则一定致人于死。"（杨按：此句戴谱误识，从《山海经》原著。）因此桂竹有两个品种，名称相同，本质却不一样，对于云山桂竹的形态尚不能了解。

【点评】

在造纸术和印刷术不发达的时代，中国古代的典籍在传抄的过程中容易出现错简和窜误，这给后世译读典籍会带来一些麻烦。《山海经·中山经》"中次十二经"中的"云山"条、"龟山"条、和"丙山"条是前后相序的关系，"云山"条记载了"桂竹"，恰好"丙山"条记载了"筀"竹，而"桂"字与"筀"字又同音，极容易造成窜误。郭璞将本应在丙山筀竹条下的注释，误植于"云山"条下，导致戴凯之难于识读，错上加错，又以"灵原"二字替换"云山"（杨按："灵"字之繁体为"靈"，与"云"的繁体字"雲"同部首。若非戴氏之误，

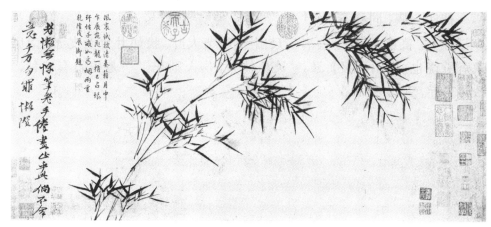

竹枝图

当即后世抄刻之误，此亦一可能也），才出现了戴谱"灵原桂竹，伤人则死"的记载。其实，戴凯之想要表达的意思很明确，即南康郡以南的桂竹，与《山海经》中的云山桂竹，是两个名同实异的竹子品种。

虽然几代学者出现误识，桂竹与筶竹是否为同一类竹仍有探讨的余地，但还是有人明察秋毫，洞若观火，还筶竹无毒之清白。元代李衎《竹谱详录·竹品谱·全德品》"筶竹"条不仅只字未提其有毒，还记述了其药用价值，让筶竹的分布、种类和功用大白于天下。李衎说："筶竹，出江、浙，河南北、湘汉两江之间俱有之。凡六种，有黄筶、绵筶、早筶、晚筶、石筶、操筶。"这六种筶竹的节、叶、枝、干都相同，只是竹笋钻出时无斑花的是黄筶，劈开柔韧的是绵筶，三月出笋的是早筶，五月出笋是晚筶，出笋时有斑花且适宜在石地中栽培的是石筶，四月出笋而竹性燥烈不耐劈的是操筶。南阳人称筶竹为李竹，采它的笋来入药，竹箨晒干后还可用来供夜间照明使用。总之，从李衎的记载可以明确一点，筶竹是南方一种普通的竹子，与"伤人则死"无涉。

篇尤劲薄①，博矢之贤②。

篇，细竹也。出《蜀志》③："薄肌而劲，中三续射博箭。"篇音卫，见《三仓》④。

【注释】

①篇（wèi）：细竹名。又为箭名，《广雅·释草》："篇，箭也。"

②博矢：投壶所用的投箭。

③《蜀志》：指西晋常宽所撰《蜀志》，亦称《蜀后志》。

④《三仓》：亦作"三苍"，古代书名。秦朝以小篆统一文字，将《仓颉篇》、《爱历篇》、《博学篇》三书作为小篆范本和童蒙识字的课本，称为"秦三仓"。魏晋时期，又以《仓颉篇》、扬雄《训纂篇》、贾访《滂喜篇》合为一书，也称为"三仓"。

【译文】

篇竹尤其挺韧纤细，是投壶所用投矢的上等材料。

篇竹是一种细竹，据常宽《蜀志》记载："篇竹茎壁薄而劲韧，适合作多次使用的投壶之投箭。"篇发音为"卫"，见于《三仓》。

篁任篙笛①，体特坚圆。

篁竹。坚而促节，体圆而质坚，皮白如霜粉。大者宜行船，细者为笛。篁音皇，见《三仓》。

【注释】

①篙（gāo）：撑船的竹竿或木杆。

【译文】

篁竹胜任制作篙竿和竹笛，竹干特别坚硬圆滑。

梅兰竹菊谱

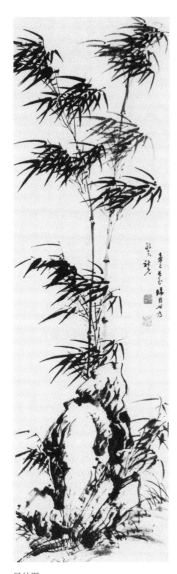

风竹图

篁竹坚硬而竹节稀少,体态圆滑且质地硬实,竹皮白色像霜粉一样。长大的篁竹可以制成撑船的竹篙,纤细的可以制成竹笛。篁字发音为"皇",《三仓》中有记载。

【点评】

根据《竹谱详录》的记载,篁竹又叫麻竹,生长在两广、两江地区。枝叶有点像筹竹,竹节疏长,可以剖成细竹篾来编织斗笠,笋甘美可食用。北宋僧人赞宁对篁竹有过仔细观察,他在《笋谱》中提到篁竹也生在浙东,竹节稀少,农历八月萌发竹笋,等到来年正月长成大竹。人们在篁竹还比较柔弱时,就将其砍断,然后用火燎烤,反复几次过后制成竹篾,非常柔韧,称为竹麻。通往泉州地区的道路两旁也种有较多的篁竹,每节可达八九尺长,用力捏按竹秆,青色的竹皮就会爆起,露出里面的白肉,也称为竹麻,看来也未必均用火烤。南中地区的篁竹又高又长,竹节更为稀疏,笋皮呈现黑紫色,是实心的竹子。《文选》的注释中曾经提到"向日竹丛生曰篁",可备参考。

棘竹骈深①,一丛为林。根如椎轮②,节若束针。小曰笆竹③,城固是任。篾笋既食④,鬓发则侵⑤。

棘竹。生交州诸郡,丛初有数十茎⑥,大者二尺围,肉至厚,实中。夷人破以为弓,枝节皆有刺。彼人种以为城,卒不可攻。万震

《异物志》所种为藩落⑦，阻过层墉者也⑧。或卒崩，根出大如十石物⑨，纵横相承，如缲车⑩。一名笆竹，见《三仓》。笋味落人须发。

【注释】

①骈（pián）：并列，连属。又作茂盛状。

②椎（chuí）轮：原始的无辐的车轮。"根如椎轮"相当于今天的"合轴丛生型"竹子。

③笆（bā）：一种长刺的竹子。

④篾（miè）：竹子剖成的长条薄片或细长条，也指竹皮。

⑤鬓（bìn）：两耳前垂长的头发。

⑥初：四库本"初"作"生"。或当为"丛（生），初有数十茎"。

⑦异物志：汉唐之间一种专门记载周边地区及国家特异物产的典籍。此处是指三国时期万震《南州异物志》。万震，三国时期吴国人，黄武至嘉禾间任丹阳太守，撰有《南州异物志》一卷，所记多海南诸国甚至西方大秦等国的风俗方物。此书已佚，今存从他书中辑佚之文六十余条。

⑧墉（yōng）：城墙。

竹雀图

⑨石：旧读shí，今读dàn，量词。古代重量单位，重一百二十斤为一石。又容量单位，十斗为一石。

⑩缲（sāo）：同"缫"，把蚕茧泡在沸水里抽丝。缲车就是缫丝所用纺具。

【译文】

棘竹并列茂盛而幽深，一丛就能长成为竹林。竹根像椎轮一样，竹节间长有束针一般的刺。也叫做笆竹，堪用来加固城防。如果吃了棘竹的笋子，就会掉鬓发。

棘竹生长在交州诸郡，竹丛起初有数十秆，大的一丛能有二尺见围，肉厚而且实心。当地人将其劈制成弓，枝节都带有尖刺。那地方的人们种植棘竹当作城防，终至不易攻取。也就是万震《南州异物志》中说的，种植成藩篱丛落，阻止通行，层叠像城墙的样子啊。有的棘竹死后倒地，挖出的竹根大的有十石重，纵横交织盘结在一起，像抽丝的缲车。又叫做笆竹，《三仓》中有记载。食用棘竹笋会使人须发脱落。

【点评】

棘竹是一种带刺的竹子，它有许多名称，比如它还叫笏（lè）竹，簕（lè）竹，又名簕（cè）竹，一名筶（dá）黎竹，一名櫔（lí）竹，一名筥（jǔ）竹。俗称为刺竹，因为南方称呼刺为笏，所以得名笏竹。棘竹原产于广西两江地区，安南地区尤其茂密。这种竹子喜欢丛生，大的竹丛有二尺见围，茎壁肉厚，几乎相当于实心。棘竹硬而有韧性，适合作为弓材，枝叶喜向下生长。唐代房千里《南方异物志》中提到刺竹的长可达七八丈。《酉阳杂俎》则说刺竹的根大如酒瓮一般，纵横盘绕像缲（sāo）车一样。这些记载都与戴凯之的记载是一致的。

单体虚长，各有所育。

单竹。大者如腓①，虚细长爽。岭南夷人取其笋未及竹者，灰煮②，绩以为布③，其精者如縠焉④。

【注释】

①腓（féi）：腓肠，小腿肚子。

②煮（zhǔ）：同"煮"。灰煮就是用灰水沸煮。

③绩：把纤维披开，接续起来搓成线。

④縠（hú）：有皱纹的纱。

【译文】

单竹空心修长，各处都有生长。

单竹，较大的有人的小腿肚子般粗细，空心纤细，修长滑爽。岭南土著人取下它还未长成嫩竹时的竹笋，经灰水沸煮，然后将竹纤维搓成线，再织成布，其中精细的像有皱纹的纱一样。

苦实称名，甘亦无目。

苦竹。有白、有紫，而味苦。甘竹似篁而茂叶，下节味甘，合汤用之。此处处亦有。

【译文】

苦竹的确名实相副，甘竹也没有纹理纠结不顺的。

苦竹，有白苦竹，有紫苦竹，笋子味道苦涩。甘竹外表好似篁竹，只是叶子更繁茂，下节味道甘美，适合用来熬汤食用。这两种竹子到处都有分布。

【点评】

苦竹是一种较常见的竹子，各地都有分布。《竹

沈宗骞《竹林听泉图》

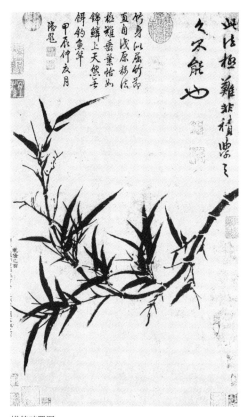

横竿晴翠图

谱详录》中记载说，苦竹共有**22**种，其中长在北方的有两种：一种竹节稀疏，材质坚硬厚实，聚众生长，竹枝短小，但竹叶却较细长；另一种外表与淡竹没有什么差异，只是笋子味道稍微有点苦。江西地区产的苦竹，竹鞭极大，竹笋味道很苦，没法食用。浙西地区产的苦竹则笋子微苦，可以食用。另外，广西山中也有一种苦竹，分散生长，每节之间生有三枝竹枝，竹叶长如笙竹叶，颜色深绿，晶莹婆娑，非常可爱。这种苦竹的笋子味道苦，患有积热病的人煮食这种竹笋很有好处。

苦竹的种类较多，戴凯之提到了白苦竹和紫苦竹，其实还有青苦竹和黄苦竹，著名山水诗人谢灵运曾经在《山居赋》中提到过这四种苦竹。黄苦竹又叫金竹，还叫蜡竹，竹笋肥大但短促，形状像马蹄。除了这四种常见的苦竹，还有许多其他品种的苦竹见于记载，比如高苦竹，又名叫青蛇枝。顿地苦，坚硬近乎实心，可以制成长矛。掉颡（sǎng）苦，竹节非常稀疏。湘潭苦，竹节疏少，适合制成竹席。还有油苦、石斑苦、乌木山苦等等。

甘竹，又名"笴（gān）竹"，《竹谱详录》中又称为甜竹。甜竹生长在河内，卫辉、孟津都有分布。叶子类似淡竹叶，非常繁密。大的直径有三四寸，小的有笔管粗细，更细的可以作扫帚。甜竹笋味道极其甘美，归属朝廷司竹监管制，因此普通人很难品尝得到这种美味。

弓竹如藤，其节郤曲①。生多卧土，立则依木。长几百寻②，状若相续。质虽含文，须膏乃缛③。

弓竹。出东垂诸山中，长数十丈，每节辄曲。既长且软，不能自立，若遇木乃倚。质有文章④，然要须膏涂火灼，然后出之。篾卧竹上出也。

【注释】

①郤（xì）：空隙，缝隙。郤曲就是指弯斜。

②寻：古代长度单位，八尺为一寻。一说七尺或六尺为一寻。

③缛（rù）：繁密的采饰。

④文章：错杂的色彩或花纹。古代以青与赤相配为文，赤与白相配为章。

【译文】

弓竹的外表像藤本一样，竹节弯曲歪斜。初生的时候多匍匐在土中，长大以后则依靠木本攀立。长度可以达几百寻，形状好似相互接续。材质本身虽然含有花纹，但须经过涂膏火烤以后，才能显现出繁琐的纹样。

弓竹产自于东部浙闽沿边山中，长达数十丈，每节都弯曲。竹秆既绵长又柔软，不能自己支撑挺立，如果遇到树木就会倚靠而生。质地本有花纹，然而只有涂上须膏，再经过火烤，纹样才会显现出来。竹皮伏卧在竹茎上而生。

厥族之中①，苏麻特奇。修干平节，大叶繁枝。凌群独秀，蓊茸纷披②。

苏麻竹。长数丈，大者尺余围。概节多枝，丛生四枝，叶大如履③，竹中可爱者也。此五岭左右遍有之。

奇石修篁图

【注释】

①厥（jué）：代词，其。

②蓊（wěng）茸：繁密茂盛的样子。纷披：繁多，茂盛。

③履（lǚ）：鞋。

【译文】

竹子族类之中要数苏麻竹最为奇特。修长的躯干，扁平的节理，叶子宽大，枝桠繁多。超越同类，高耸独秀，繁荣茂盛，既多且密。

苏麻竹长可达数丈，大的直径有一尺多，节少枝多，丛生四枝，竹叶如鞋子般大小，是竹子中惹人喜爱的品种。五岭附近地区到处都有生长。

【点评】

苏麻竹的名字有许多，它又叫沙麻竹、麄（cū）麻竹、沙摩竹，还有的地方称之为葸（sī）簩竹，在两广之间，到处都有分布。较大的苏麻竹茎秆周长有六七寸，非常坚硬厚实，可以用作屋子的梁柱，也可以当作造弓的材料。苏麻竹的繁殖能力超强，种植者用大镰刀将其茎秆割断，截成二尺左右的竹段，然后把竹段钉入土中，不超出一个月就能生根成活，第二年就可以长竹笋，不到三五年就育成竹林。也有的只是砍取节间长出的茁壮竹笋，种植在地里，也能成活。《南粤志》里记载说，沙麻竹可以制作弓弩，谓为"溪子弩"。《岭表异录》里将苏麻竹记为"沙摩竹",像茶碗般粗细,茎厚壁而空洞小,一人就能扛动一根这种竹子,把它拿来当作屋椽。当地人又将沙摩竹讹传为"司马竹"。

　　箽筜、射筒,箖箊、桃枝[1]。长爽纤叶,清肌薄皮。千百相乱,洪细有差。

　　数竹皮叶相似。箽筜最大,大者中甑[2],笋亦中。射筒,薄肌而最长,节中贮箭,因以为名。箖箊,叶薄而广,越女试剑竹是也[3]。桃枝是其中最细者。并见《方志赋》。桃枝皮赤,编之滑劲,可以为席,《顾命篇》所谓"篾席"者也[4]。《尔雅·释草》云:"四寸一节为桃枝。"郭注云:"竹四寸一节为桃枝。"余之所见桃枝竹,节短者不兼寸,长者或逾尺。豫章遍有之[5],其验不远也。恐《尔雅》所载草族,自别有桃枝,不必是竹。郭注加"竹"字,取之谬也。《山海经》云:"其木有桃枝、剑端。"[6]又《广志·层木篇》云:"桃枝出朱提郡[7],曹爽所用者也[8]。"详察其形,宁近于木也,但未详《尔雅》所云复是何桃枝耳。《经》、《雅》所说二族,决非作席者矣。《广志》以藻为竹,是误。后生学者往往有为所误者耳[9]。

【注释】

　　①箖箊(lín yū):竹名。《广韵·侵韵》:"箖,箖箊,竹名。"

　　②甑(zèng):瓦制炊具,用于蒸饭。

　　③越女试剑:《吴越春秋·勾践阴谋外传》载:"处女将北见于王,道逢一翁,自称曰袁公。问于处女:'吾闻子善剑,愿一见之。'女曰:'妾不敢有所隐,惟公试之。'于是袁公即杖箖箊竹,竹枝上颉桥(向上劲挑),末堕地(竹梢折断跌落)。女即捷末(接住竹梢),袁公则飞上树,变为白猿,遂别去。"这则故事是说,越处女用箖箊竹的竹梢对决白猿的竹干,最终剑法高超,斗胜白猿。也有的文学作品演绎成越女向白猿学得剑术。

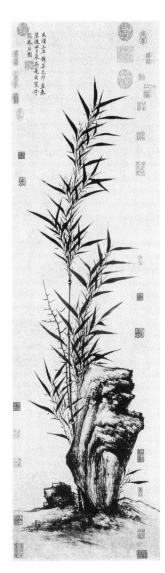

修筠拳石图

④《顾命篇》：即《尚书·周书·顾命》："牖（yǒu）间南向，敷重篾席。"

⑤豫章：西汉高帝六年（前201）分置，治所南昌县（今江西南昌）。辖境相当于今江西全省，三国以后逐渐缩小至南昌附近。

⑥"《山海经》云"句：杨按：现存《山海经》版本"剑"作"钩"。《山海经·中山经》"中次八经"有"骄山……其木多松、柏，多桃枝、钩端"，又"龙山……其草多桃枝、钩端"；"中次九经"有"高粱之山……其木多桃枝、钩端"。

⑦朱提郡：东汉建安十九年（214）改置，治所在朱提县（今云南昭通），辖境相当于今云南东北及贵州、四川的小部分地区。

⑧曹爽（？—249）：字昭伯，曹操族孙。以大将军受遗诏与司马懿辅佐曹芳。正始十年，被司马懿勒兵收执，诛死，夷三族。

⑨耳：四库本"耳"作"尔"。

【译文】

箽筜竹、射筒竹、猋簵竹、和桃枝竹，这四种竹子都修长滑爽，竹叶纤细，茎壁清瘦，箨皮薄嫩。丛生交错在一起，有粗有细，参差不齐。

这几种竹子的笋皮和竹叶都相似。箽筜竹是四种中最大的，较大的像瓦甒一样粗细，它的笋也有甒那么大。射筒竹的竹壁薄而茎秆最长，竹节中适合收贮箭支，因此而得名。

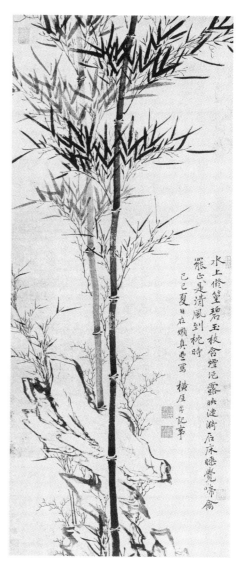

簝筡竹叶子薄而宽大，是越女与白猿比试剑法时用的竹子。桃枝竹是四种竹子中最细的。它们都见于《方志赋》。桃枝竹皮为赤红色，竹篾编织的时候滑顺劲韧，可以编成席子，就是《尚书·顾命篇》中所提到的做"篾席"的那种竹子。《尔雅·释草》中说："四寸一节的是桃枝。"郭璞注释说："竹子四寸一节的就是桃枝"。依我所见，桃枝竹中节短的还不满一寸，又有的节长能超过一尺，江西南昌地区遍地都是，不必走太远就能验证。恐怕《尔雅》中所记的草类中，原本另有一种桃枝，不一定就是指竹子。郭璞注释增加一"竹"字，取义是错误的。《山海经》里说："其木有桃枝、钩端。"又有《广志·层木篇》记载说："桃枝生长在朱提郡，曹爽曾经使用过。"仔细考察其外形，宁可相信其更接近于木本，只是不知道《尔雅》记载的究竟是什么桃枝。《山海经》和《尔雅》所说两种桃枝，绝对不是能制作席子的桃枝竹。《广志》认为藻类就是竹子〔杨按：原文此句疑有脱文〕，这是错误的。后世学者往往有受其误导的啊。

【点评】

赀箪竹，又叫做"箄（bǐ或pái）竹"，原生长在湘水中游地区，四川和两广地区也间

修篁文石图

或有分布，每节长度有四五尺左右。晋顾微《广州记》里记载簧筤竹"节长一丈"。曲江县以及蜀中地区都产这种竹子，茎秆周长有一尺五六寸，节间距约有六七尺。当地土著人把簧筤竹剖篾煮纬，织成竹布，始兴以南地区使用较多。东晋王彪之《闽中赋》里提到"簧筤幽人"。南朝宋刘敬叔《异苑》里还提到一则关于簧筤竹的异事，说是簧筤竹节剖开以后，里面有物长数寸许，像人的形状，民间称之为"竹人"，许多地方都有过类似的传闻。古人所记，难于辑考，未知真伪，权当谈资吧。

射筒竹，西晋左思在《吴都赋》里提到"其竹射筒"。许多人望文生义，以为射筒竹竹节适合收贮箭秆，因而得名，包括戴凯之也这么理解。其实不然，射筒竹原本是适合作一种独特的吹箭的发射管，并不是用来装箭的，而是用来射箭的。《竹谱详录》里记载，弓箭手用一种特殊工具将射筒竹的竹节打通，里面安放独特的箭支，然后从根端用力吹气，箭就发射出去了。这种弓箭也就是古人所说的"箻（lù）筒"，最适合用来射鸟。李衎特别强调，"谓此竹可作箭房者，非"，将射筒竹看成是装藏箭支的箭房，这是错误的。相传吹筒射箭之法始于唐朝武则天时期，她曾经下令将弓箭手分为马射、步射、手射、和筒射四种类型。后来外番船只上多用吹筒来射人自卫，能射中对方头面，但这种箭并不是以箭力来伤人，而是靠箭簇上的毒来伤人。

箖篍竹的名气恐怕更多是借助于越女。越女又称为赵处女，是春秋时期著名的剑术家。越王勾践卧薪尝胆准备报国仇，范蠡向他举荐南林越女以训练军士的戟剑之术。越女遂应聘北上见越王，半路遇到白猿化身的袁公比试剑法，终以箖篍竹梢战败白猿，得以顺利北上。越王向她征询剑道，越女从容道来："妾生深林之中，长于无人之野，无道不习，不达诸侯，窃好击剑之道，诵之不休。妾非受于人也，而忽自有之。"越女表示自己不求闻达于诸侯，只是出于喜好，因而自己的剑道自然天成。越王进一步询问："其道如何？"越女回答："其道甚微而易，其意甚幽而深。"剑道也讲究人剑合一，微言大义。"凡手战之道，内实精神，外示安仪。见之似好妇，夺之似惧虎。布形候气，与神俱往。杳之若日，偏如腾兔。追形逐影，光若仿佛。呼吸往来，不及法禁。纵横逆顺，直复不闻。"越女的剑道讲究内心守正戒备，外表安静坦然，看似温柔的处女，实则一受攻击便立即像临危的猛虎一样做出迅速的反应。剑法率性自然，不拘泥法度，达到人剑合一的至臻化境。越女在总结效果时说，掌握了这样的剑道，则"一人当百，百人当万。王欲试之，其验即见"。在这则故事中，篠簩竹充当了哲学的道具，这也决非偶然，正是竹子刚柔兼济的生理属性被深深打上了中国式哲学文化的烙印，这也是其他植物所无法替代的。在不同的文化场景中，篠簩竹的形象也是多样的，比如清代王士祯《见山亭》中"入门不见日，风动千篠簩"的篠簩竹，摆脱了刚劲的风骨，尽显荫翳柔美，比起越女试剑的篠簩竹来，少了几分豪侠之气罢了。

关于桃枝竹，历来争论较多，《山海经》、戴凯之《竹谱》、贾思勰《齐民要术》、李衎《竹谱详录》都有过辨析。桃枝竹现名矮竹，又叫蒲葵竹，还叫赤玉脂，产自江浙两淮地区，到处都有生长。一般喜好丛生，外形有点像慈竹，竹节长约二尺左右，茎壁略微单薄。《魏志》里面记载"倭国有桃枝竹"，日本沿海地区长有这种竹子。《山海经·西山经》"西山首经"谓"嶓冢之山，嚣水出焉，其上多桃枝"，嶓冢山就在今天汉水的源头地区。蕲（qí）州人把桃枝竹摽皮织成簟席，滑顺洁净，舒适可人，有"冬虎皮，夏桃枝"之称。可见汉水流域分布有较多的桃枝竹。《尚书》"顾命篇"里提到的"篾席"，据西汉学者孔安国说就是由桃枝竹制成的。《周礼》"春官"里有"次席"，东汉经学大师郑玄注解次席就是桃枝席。《尔雅》说"桃枝四寸有节"，张得之《竹谱》里则说"桃枝竹，叶如桐，节四寸，皮黄滑可为簟"，而柳宗元则称桃枝竹为"桃笙竹"，唐代方志里记载合州的土贡中有"桃枝竹箸"，另外据说后赵的石虎还曾造过"桃枝竹扇"。综合以上看来，古人对桃枝竹是非常关注的，留下了很多的记载，尤其是桃枝簟席闻名天下。

相繇既戮①，厥土维腥②。三堙斯沮③，寻竹乃生。物尤世远，略状传名。

禹杀共工、相繇二臣④，膏流为水⑤，其处腥臊，不植五谷。禹三堙皆沮，寻竹生焉。在昆仑之北有岳之山⑥，见《大荒北经》中。

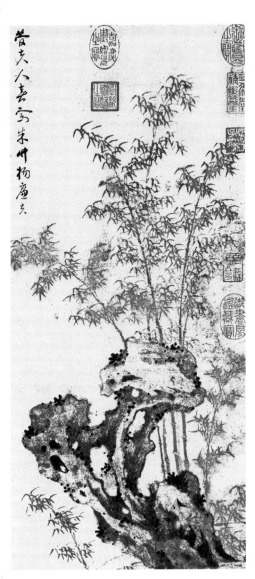

殊竹图

【注释】

①相繇（yóu）：即相柳，古代神话传说中共工之臣，九首、人面、蛇身而青，食于九山，后为禹所杀。

②维：语气词，凑足音节。

③堙（yīn）：堵塞，填塞。沮（jǔ）：坏，败。

④共工：古代传说中的天神，与颛（zhuān）项争为帝，用头触不周山。又传说大禹驱逐共工而治水。《山海经·大荒北经》中只记载"共工臣名曰相繇……禹湮洪水，杀相繇"，并未提及禹杀共工。

⑤膏：油脂。《山海经》中原义指血。郭璞注："其膏血滂流，成渊水也。"但根据原文及《山海经·海外北经》的记载，并无"膏流为水"之义。

⑥"在昆仑之北"句：《山海经·大荒北经》："共工臣名曰相繇，九首蛇身，自环，食于九土。其所歍所尼，即为源泽，不辛乃苦，百兽莫能处。禹湮洪水，杀相繇，其血腥臭，不可生谷，其地多水，不可居也。禹湮之，三仞三沮，乃以为池，群帝因是以为台。在昆仑之北。"下一节为："有岳之山，寻竹生焉。"（杨按：戴凯之将两

节合而为一，断"在昆仑之北有岳之山"，是句读之误。）

【译文】

相繇被杀以后，其膏血流经的土地腥臭难闻。大禹曾三次作堰阻塞，结果都地陷塌毁了，寻竹在那些地方生长出来。寻竹及其传说太久远了，只能约略述其大概，记载下它的名字吧。

大禹杀共工的臣子相繇，其血化为渊水四溢横流，所经之地腥臭难闻，五谷都不能生长。大禹曾经三次筑堰阻隔，都塌陷崩毁了，于是寻竹就生长出来了。位置在昆仑北侧的有岳山，见于《山海经·大荒北经》中的记载。

【点评】

关于寻竹的记载，历来学者见仁见智，多有分歧，但经多方考证，现在可以明确，戴凯之将相繇与寻竹联系起来，是由句读之误而导致的理解错误。

从《山海经》的相关内容来看，相柳与相繇是否为同一人，姑且不论，仅就大禹三湮三沮一事来说，的确与寻竹没有任何关系。《山海经·海外北经》中记载："共工之臣曰相柳氏，九首，以食于九山，相柳之所抵，厥为泽溪。禹杀相柳，其血腥，不可以树五谷种。禹厥之，三仞三沮，乃以为众帝之台，在昆仑之北，柔利之东。"将这一段与《山海经·大荒北经》的记载相比较，除了有"相柳"与"相繇"之别外，基本意思大体一致。从中可以看出，众帝之台"在昆仑之北"是与大禹杀相繇三湮三沮紧密联系在一起的，而"有岳之山，寻竹生焉"则应当是一条独立的记载，与禹杀相繇没有必然的关系。

那么，寻竹究竟又是一种什么样的竹子呢？《山海经》是没有详细的描述，但《海外北经》中提到一种"寻木"，"长千里，在拘缨南，生河上西北"。由此推测，寻竹极有可能也是一种非常绵长的竹子。《方言》里曾经说"自关而西，秦晋梁益之间，凡物长谓之寻"，关就是指函谷关，这与寻木生河上西北，两者所指地域大体上可以对应起来。因此，寻竹可能就是一种长竹，而郭郛推测寻竹生长于秦陇高原，也源于此。然而，《玉篇》中说"竹长千丈为等"，将寻上加竹字部首，失之画蛇添足了。

般肠实中，与笆相类。于用寡宜，为笋殊味。

般肠竹。生东郡缘海诸山中。其笋最美，云与笆竹相似，出闽中。并见《沈志》①，其形未详。

【注释】

①《沈志》：即《临海水土异物志》，又作《临海水土志》、《临海异物志》，三国时吴国丹阳太守沈莹编撰，约成书于太平、天纪年间（257—280），是一部研究今天浙南、闽北及台湾地区历史地理状况的重要地方志书。

【译文】

般肠竹是实心的，与笆竹类似。只是在实际应用方面比较少，竹笋有出众的美味。

般肠竹，生长在东郡沿海的群山之中。笋子味道最为鲜美，据说与笆竹相似，产于闽中地区。一并见载于《临海水土异物志》，只是其形态没有详细记载。

【点评】

般肠竹在古代文献资料中没有留下太多的记载，其外形特征已经不可详知了，仅从"般肠"二字望文生义地去揣测其外观形态是不可取的。倒是《竹谱》中谈到的般肠竹笋味道极其鲜美，确凿可信，并引起了一些文人和学者的关注。唐代著名诗人李商隐写过一首《初食笋呈座中》诗：

> 嫩箨香苞初出林，
>
> 於陵论价重如金。
>
> 皇都陆海应无数，
>
> 忍剪凌云一寸心！

李商隐以初生嫩笋自居，抒发了自己满怀雄心壮志但却不被当时所用的愤世嫉俗之情。清代学者冯浩在《玉溪生诗评》中为这首诗作注时说："《竹谱》云：'般肠实中，为笋

沈贞《竹炉山房图》

殊味。'注曰：'般肠竹，生东郡缘海诸山中，有笋最美。'正兖海地也。"他非常肯定地认为《竹谱》中东郡缘海就是指兖海，李商隐比附的竹笋就是般肠竹笋。冯浩的推理逻辑很简单：《竹谱》中说般肠竹生在东郡缘海，笋味最美，而李商隐在兖海作《初食笋呈座中》诗，也提到笋味殊美，因此李商隐诗中所言即般肠竹，东郡缘海就是指兖海地区。然而，事实并非这么直线简单。

先来看看李商隐做诗的兖海具体指哪些地区。唐元和十四年 (819) 设置沂海观察使，又称兖海观察使，是唐代方镇之一。治所在沂州 (今山东临沂)，辖沂、海、兖、密四州。次年升为节度使，徙治兖州 (今山东兖州)，后又兼领徐州。兖海地区大体在今山东半岛南部、江苏北部沿海一带。再来看看《竹谱》中的东郡缘海指哪里。《竹谱》中提到《沈志》即《临海水土异物志》，主要记载今浙南、闽北和台湾一带风物，也就是说般肠竹生长在这一地区。兖海与临海相距甚远，因此可以判定李商隐所言竹笋并非般肠竹笋。另外，李衎《竹谱详录》中还提到了，《晏公笔钞》中有记载"班肠竹出东海"，班肠竹即般肠竹，产自东海之说也与《竹谱》相吻合。这也是兖海美笋并非东海般肠竹笋的又一佐证。

筋竹为矛，称利海表[1]。槿仍其干[2]，刃即其杪[3]。生于日南[4]，别名为篾[5]。

筋竹。长二丈许，围数寸，至坚利，南土以为矛，其笋未成竹时堪为弩弦。见徐忠《南中奏》。刘渊林云[6]："夷人以史叶竹为矛，余之所闻，即是筋竹。"岂非一物而二名者也。

【注释】

①海表：指我国四境以外僻远之地。

②槿 (qín)：柄。《玉篇·木部》："槿，柄也。"

③杪 (miǎo)：树梢，末梢。此处指竹梢。

④日南：日南郡，西汉元鼎六年（前111）设置，治所在西捲县（今越南平治天省广治西北），辖境相当于今越南中部北起横山，南抵大岭地区。

⑤篻（piǎo）：筋竹的别名。

⑥刘渊林：百川学海本作"刘渊材"，误也。四库本作"刘渊林"。即刘逵，字渊林，济南人，西晋元康中为尚书郎，历黄门侍郎，累迁侍中，有《丧服要记》二卷。

【译文】

筋竹制成的矛，锋利无比，闻名南方海外地区。矛柄就是竹秆，矛刃就是竹梢。生长在日南郡地区，别名又叫篻竹。

筋竹长约二丈左右，茎粗数寸，非常坚利，南方地区用它制成长矛。它的竹笋未长成竹时还可以做弩弦。徐忠《南中奏》中记载过这种竹子。刘渊林曾经说："土著人用史叶竹制成矛，据我所知，就是指筋竹。"难道是同一种竹子有两个名称吗。

【点评】

李衎《竹谱详录》中将筋竹列为"全德品"，也就是称其分布广泛，外形普通，应用较多。筋竹在江、浙、闽、广之间，到处都有分布。筋竹有两种，一种大概与篌（hóu）竹相类似。篌竹主要分布在江南两浙地区，竹节稀少，枝叶短小，一丛三五竿，生长在道旁水边。筋竹大体也就是这个样子，只不过竹秆稍微匀细些，皮薄，深绿色。这种筋竹只能做成竹篾使用，非常坚韧，其他用途不多。它

雪竹图

墨竹图

的笋末稍与篌竹不同。安南地区称呼这种筋竹为"小竹"。生长在浙东山地中的这类筋竹，肉厚而不实心，可以制弩。另外一种筋竹主要生长在婺州（今浙江金华）兰溪山中，长约两三丈，形体像筀竹，但竹笋却像猫头竹，颜色并不十分绿，外表还隐隐有斑花纹。这种筋竹可以劈成篾条，编织成小竹箱、装衣或盛饭用的方竹笥（sì）等等。

在日南地区的筋竹又叫做簩竹。《竹谱详录·竹品谱·异形品上》记载，簩竹主要分布在广西、两江、安南地区，外表与簵竹大体近似，枝叶细小，质地坚厚，最适合用来作弓材和枪干。西晋左思《吴都赋》云"由梧有筻，簩箬有丛"，刘渊林注解说："簩竹大如载槿，中实劲强，交趾人锐之为矛，甚利。"可见，在今广西和越南北部地区，当时用簩竹制成的矛是非常流行的。

百叶参差[1]，生自南垂。伤人则死，医莫能治。亦曰簩竹[2]，厥毒若斯。彼之同异，余所未知。

百叶竹。生南垂界，甚有毒，伤人必死。一枝百叶，因以为名。《沈志》刘渊林云："簩竹有毒，夷人以刺虎豹，中之辄死。"或有一物二名，未详其同异。

【注释】

①参差（cēn cī）：长短、高低、大小不齐。

②篣（páng）：竹名。（杨按：篣可能为筹（láo）字之讹。）

【译文】

百叶竹参差错落，生长在南疆边陲。伤到人就会致人于死，没有药可以救治。也有的地区叫篣竹，其毒性就像前边提到的那样。这两者之间的异同，我就不太清楚了。

百叶竹生长在南疆边陲地界，毒性很大，人被其所伤则必死无疑。一个枝条生长着百余竹叶，因此得名"百叶竹"。《临海异物志》中刘渊林注解说："篣竹有毒，土著人用来刺杀虎豹，被刺中的猛兽总是会死。"也许就是一物二名，可惜不能详细知道二者的异同。

【点评】

百叶竹因形而得名，又以剧毒而著称，因此古人很早就注意到这种竹子。只是在别称上，各种文献出现了"篣"与"筹"的分歧，二字在字形上极其接近，极有可能"篣"字是"筹"字在传抄过程中的讹字。《广韵·豪韵》："筹，竹名。一枝百叶，有毒。"很明显，筹竹就是百叶竹。刘渊林在注解时还引用了《异物志》中的说法："筹竹，有毒。夷人以为觚（gū，棱剑），刺兽，中之，则必死。"这些记载都与戴凯之《竹谱》相吻合，可见篣的本字应为筹。另外，《竹谱详录》在谈到百叶竹时，也提到了刘渊林引用的筹竹，还说"戴谱云'亦曰筹竹，厥毒若斯'"，再一次印证了筹竹就是百叶竹。上述典籍都没有用"篣"字，只有现存百川学海本《竹谱》用篣字，可知是左圭宋刻本讹误所致。

篃与由衙①，厥体俱洪。围或累尺②，篃实衙空。南越之居③，梁柱是供。

篃实厚肥，孔小，几于实中。二竹皆大竹也，土人用为梁柱。篃竹，安成以南有之④。其味苦，俗号篃。由衙竹，《交州广志》云："亦有生于永昌郡⑤，为物丛生。"《吴郡赋》所谓："由衙者篁⑥。"篁音霜，性柔弱，见《三仓》。

【注释】

①箁（báo）：竹名。《广韵·觉韵》："箁，竹名。"

②累（lěi）：积聚，引申为合计。

③南越：指今广东、广西和越南北部一带。

④安成：安成郡，三国吴宝鼎二年（267）设置，治所在平都县（今江西安福），辖境相当于今江西新余以西的袁水、泸水、禾水流域。

⑤永昌郡：东汉永平十二年（69）设置，治所在嶲唐县（今云南云龙西南漕涧镇），辖境相当于今云南西部、南部的广大地区。元康年间，治所迁至永寿县（今云南耿马）。

⑥由衙者篁：杨按：这一句抄刻错讹较多，以致难于疏通理解。根据戴凯之生处时代和前后文推测：其一，不当为《吴郡赋》，应为《吴都赋》；其二，左思《吴都赋》有"其竹则篔筜箖箊，桂箭射筒，由梧有篁，篻簩有丛"之句，故而"由衙者篁"应为"由梧有篁"，由衙即由梧。此处的"篁"非指"篁竹"，而是竹园之义，说明由衙竹丛生。

【译文】

篁竹与由衙竹，都是体态巨大的竹子品种，有的竹秆粗达一尺。篁近乎实心，由衙竹则是空心。南越地区的房屋，梁柱多用这两种竹子制成。

篁竹的竹壁充实肥厚，中间孔洞小，接近于实心。这两种竹子都是大型的竹种，土著人用它们来充当房屋的梁柱。篁竹在安南郡以南地区有生长，笋味苦涩，俗称为篁。根据《交州广志》的记载，由衙竹"也有生长于永昌郡的，聚丛生长"。《吴都赋》中说："由衙竹长成了竹园。"篁音霜，生长习性温顺。《三仓》中有记载。

【点评】

箽竹，笋子味道苦涩，不能食用。它的最大用处就是来充当房屋的梁柱。据汉杨孚《异物志》记载："有竹曰箽，其大数围，节间相去局促，中实满坚强，以为屋榱（cuī，椽），断截便以为栋梁，不复加斤斧也。"杨孚说箽竹粗而节短，近乎实心，用它来做房屋的椽子和栋梁非常方便，只需根据用途截成相应的长度就可以，根本不需要再用斧子进行修饰。

由衙竹，据《竹谱详录》的说法，又名篱竹，又名笆竹，又名梧竹，主要生长在安南地区。由衙竹的外观像猫头竹，但竹叶偏小，又有点像淡竹。它的竹笋夏季萌生，可以食用。由衙竹有两个生长特性：一是每支竹节只生三枝，并且都圆满修长，坚硬厚实。二是随着竹龄的增长会长出竹刺。幼龄的由衙竹一般上半部分散发枝，形态婆娑喜人。但随着竹龄渐渐增长，接近地下的部分开始生横枝，而且还有刺。等接近衰老的时候，连竹梢上都长有刺，非常讨厌。有的由衙竹并

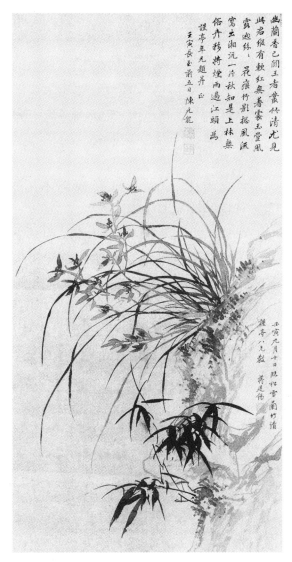

兰竹图

不粗壮，直径一寸粗细，枝干和竹笋都生有尖刺，可以种成笆篱，所以又名篱竹、笆竹。这种由衙竹八九月份才生笋，味道淡涩，不能食用。

《南方草木状》中记载一种由梧竹，产自交趾地区，当地从官吏到平民百姓，家家户户都种这种竹子，长约三四丈，有一尺八九寸粗细，用来当屋柱非常好用。这种由梧竹就是戴凯之所言的"由衙竹"。刘渊林为《吴都赋》作注解时说，由梧竹出自交趾和九真地区，与《南方草木状》、《竹谱》都能对应。

竹之堪杖，莫尚于筇^①。礌砢不凡^②，状若人功。岂必蜀壤，亦产余邦。一曰扶老，名实县同。

筇竹。高节实中，状若人刻，为杖之极。《广志》云："出南广邛都县^③。"然则邛是地名，犹高梁堇^④。《张骞传》云："于大夏见之，出身毒国。始感邛杖，终开越巂。"^⑤越巂则古身毒也^⑥。张孟阳云："邛竹出兴古盘江县。"^⑦《山海经》谓之"扶竹"^⑧，"生寻伏山，去洞庭西北一千一百二十里"。《黄图》云："华林园有扶老三株。"^⑨如此则非一处，赋者不得专为蜀地之生也。《礼记》曰"五十杖于家"、"六十杖于乡"者^⑩，扶老之器也。此竹实既固杖，又名扶老，故曰"名实县同"也。

【注释】

①筇（qióng）：竹名。可以用来做手杖。

②礌砢（lěi luǒ）：树木多节。

③南广：南广郡，三国蜀汉延熙中设置，治所在南广县（今四川筠连西南），辖境相当于今四川筠连、珙县、兴文及云南盐津、彝良等地。邛都：邛都县，西汉元鼎六年（前111）设置，治所在今四川西昌东南，南朝宋为越巂郡治。

④堇（jǐn）：百川学海本作"堇"，四库本作"堇"，今从四库本。堇即乌头草。高梁堇

即产于高粱地区的菫草。

⑤"《张骞传》云"句：《史记·大宛列传》、《汉书·张骞传》记载张骞出使西域，"大夏时，见邛竹杖、蜀布，问：'安得此？'大夏国人曰：'吾贾人往市之身毒国。'……大夏去汉万二千里，居西南。今身毒又居大夏东南数千里，有蜀物，此其去蜀不远矣"。张骞通过邛竹杖了解到，从汉西南有道路通身毒国，而由身毒又能抵达西域大夏国。大夏乃中亚古国名，张骞西使时，大夏都城在阿姆河南岸的蓝市城（今阿富汗北部巴尔克）。越巂，即越嶲（xī），亦作"越嶲"，西汉元鼎六年（前111）以邛都国地设置，治所在邛都县，辖境相当于今云南丽江以东、金沙江以西、祥云、大姚以北和四川木里、石棉、甘洛、雷波以南地区。

⑥身毒（yān dú，或juān dú）：古印度的音译名。戴凯之以越嶲为古身毒，是错误的。

⑦"张孟阳云"句：张孟阳，即张载，安平（今河北安平）人，西晋文学家。曾任著作郎、中书侍郎等职，著有《剑阁铭》、《蒙汜赋》等名篇。与其弟张协、张亢并

竹石梅鹊图

称"西晋三张",一说张华、张载、张协为"西晋三张"。兴古,兴古郡,三国蜀汉建兴三年(225)设置,治所在宛温县(今云南砚山维摩),辖境相当于今云南文山、弥勒、罗平及贵州兴义。盘江,即南盘江。刘渊林注解左思《蜀都赋》"邛竹缘岭"时说"邛竹,出兴古盘江以南",无"县"字。

⑧《山海经》谓之"扶竹":《山海经·中山经》"中次十二经"记载:"龟山,其木多穀、柞、椆、椐,其上多黄金,其下多青雄黄,多扶竹。"戴凯之谓"扶竹,生寻伏山,去洞庭西北一千一百二十里",未知所据何来,现存《山海经》诸版本皆无此记载。或其所据为《山海经》古本,或为他人注释,或指《山海经·海内外经》中提到的"灵寿实华"之地,亦未可知,姑且存而不论。

⑨"《黄图》云"句:《黄图》,即《三辅黄图》,又称《西京黄图》,撰人不详,约成书于东汉末至曹魏时期,所记为汉代长安周围三辅地区的街市、闾里、苑囿、池沼以及宫殿、庙宇、陵墓、官署、仓库等重要建筑物的名称、方位、制度,是研究汉代长安里和关中地区历史地理的重要资料。《三辅黄图》记载:"华林园扶老三株。"又见《太平御览》卷九九八相关记载。

⑩"《礼记》曰"句:《礼记·王制》,"五十杖于家,六十杖于乡,七十杖于国,八十杖于朝,九十者,天子欲有问焉,则就其室,以珍从。"这是周代敬老养老的政策规定,是说年过五十可以在家中拄拐杖,六十可以在乡里拄拐杖,七十可以在国中拄拐杖,八十老人可以在朝堂上拄拐杖。年过九十,如果天子想要慰问,就要上门探望,还得带上珍味佳肴。

【译文】

竹子中最适合作手杖的,莫过于笻竹。其竹节多而弯曲中握,像是经过人力加工而成的。并不只产于蜀地,其他地区也有生长。又称为扶老竹,名实相副。

笻竹长节实心,外形像人工雕刻而成,是制作手杖的极好材料。《广志》里说笻竹"出自南广郡邛都县",然而邛是地名,就像高粱董的高粱是地名一样。《汉书·张骞传》记载,张骞曾在西域大夏见到过邛竹杖,当地人说贩自身毒,他才通过邛杖了解到,从西南经身毒可以抵达西域大夏，终于上奏朝廷开辟了越巂之路。越巂就是古身毒国（杨按：戴误，身毒指古代印度，正确应为"越巂可以通往古身毒国"）。西晋文学家张孟阳曾经说："邛竹产自兴古郡盘江县。"《山海经》称之为扶竹，生长在寻伏山，距离洞庭西北一千一百二十里（杨按：现存《山海经·中山经》称"龟山多产扶竹"，郭璞注：邛竹也，高节实中，中杖也，名之扶老竹）。《三辅黄图》中记载"华林园里种有三株扶老竹"。这样看来并非只生一处，作赋传颂者不应只称蜀地生产邛竹啊。《礼记·王制》里讲到"年过五十在家中挂杖，年过六十可在乡里挂杖"，可作扶老的助具啊。这种竹子实心且适合作坚固耐用的手杖，又叫扶老竹，所以说是名实相副啊。

【点评】

筇竹是天下闻名的制杖竹材，《竹谱详录》中称其为节竹，它还叫扶竹、扶老竹、慈悲竹。筇竹共有两种，都产自西蜀地区。一种就是《广志》中提到的，出产自广南邛都县。这种筇竹的枝叶与普通竹子没有什么差异，但外形奇特，尤其是接近地面的一两节大多曲折，像狗的后腿一样弯曲，并且竹节极大，茎秆细瘦，长节实心，像是经过人工削过的，俗称为扶老竹。《山海经》中称龟山多扶竹，郭璞将扶竹注解为筇竹。南中地区的僧人截取这种竹子用来做挂杖，非常好用，但是切记不可敲击戳打，因为一击打就会随节折断，因此又得了个

竹石图

"慈悲竹"的雅号。另一种筇竹生长在峨眉山中，像箭杆般粗细，当地人称为"佛拄杖竹"或"罗汉竹"，游人往往于佛寺携归这种筇竹。《砚谱》中有西域以这种筇竹的竹节制成砚台的说法。

不过，关于筇竹的物种和产地，历来多有争论和分歧。一类意见大致认为筇竹产于蜀中地区，不过也有小分歧，比如有的认为筇竹就是产于南广邛都的竹子，有的认为产自邛崃，有的则认为应产自洪雅邛崃山；另一类意见否认筇竹产自蜀中，比如有的认为是产于云南兴古盘江的竹子，经过蜀人巧手加工后成为筇杖；第三类意见则否认邛杖是竹子材质，如有的认为邛杖就是藤杖，还有的认为筇竹就是《山海经》中提到的灵寿木，如此等等，众说纷纭，不一而足。大体上支持筇竹产自四川地区的较多，但反对蜀中产筇竹的也不少。南宋大诗人陆游在《老学庵笔记》卷三中就记载："筇竹杖蜀中无之，乃出徼外蛮峒。蛮人持至泸溆间卖之，一枝才四五钱。以坚润细瘦，九节而直者为上品。"他就认为筇竹杖产自蜀外的少数民族地区。

籟、簜二族[①]，亦甚相似。杞发苦竹[②]，促节薄齿。束物体柔，殆同麻枲[③]。

籟、簜二种，至似苦竹，而细软肌薄。籟笋亦无味，江汉间谓之苦籟。见《沈志》。籟音聊。簜音礼，齿有文理也。

【注释】

①籟（liáo）：竹名。似苦竹而细软。簜（lǐ）：竹名。见《玉篇·竹部》和《广韵·荠部》。

②杞（qǐ）：此处指杞柳，杨柳科，落叶生灌木，枝条柔韧，可以编柳条箱筐等器物，也可固沙造林。

③殆（dài）：近乎，几乎。枲（xǐ）：大麻的雄株，开雄花，不结实，也泛指麻。

吴昌硕《竹林七贤图》

【译文】

籄竹、簵竹两种竹子，也非常相似。外形似苦竹，又如杞柳般柔软，节间距短促，节环上生有秆芽。竹竿柔韧适于捆绑物体，如同麻一般。

籄竹、簵竹这两种竹子与苦竹非常相似，更加纤细柔软，茎壁肉薄。籄笋也没有味道，江汉之间称之为"苦籄"。见载于《临海异物志》。籄字发音为"聊"。簵字发音为"礼"，竹齿上长有花纹。

【点评】

《竹谱详录》中说籄竹又叫簵竹，产出江、广、两浙，齐鲁之间也有分布。体态较大的也不过如箭杆粗细，体态较小的细若毛笔。高度不超过五至七尺，竹叶有一尺左右，叶宽一至二寸，竹节短促，体质柔软，竹笋没有味道，人们一般也不食用。籄竹除了可以作竹索捆绑物体之用外，还可以成为画家描绘的对象。古代画家多在栏槛湖石旁边画簵竹，借以妆点景物，起到衬景的效果。金代待诏、画家赵绍隆和冀珪二人尤其喜欢以簵竹入画，但是对技法和神态的把握要求较高，墨画簵竹很难出佳作，所以古代画家往往不选择簵竹进行写生。

簵竹又叫做籅（yú）礼竹，外形大体与簵竹相同，只是竹节和竹叶稍微密实罢了。《番禺志》里记载，南海地区煮盐时，用礼竹编为煮鼎，柔韧而耐用，其他竹子在这方面都不如礼竹好用。

盖竹所生，大抵江东[①]。上密防露，下疏来风。连亩接町，竦散岗潭。

盖竹。亦大，薄肌，白色。生江南深谷山中，不闻人家植之。其族类动有顷亩。《典录·贺齐传》云[②]："讨建安贼洪明于盖竹。"盖竹以名地，犹酸枣之邑[③]，豫章之名邦者类是也[④]。

【注释】

①江东：本指今安徽芜湖至江苏南京之间，长江河段以东地区。

②《典录》：即《会稽典录》，东晋虞预撰，二十四卷，记载从春秋到三国时期会稽郡几十个历史人物的生平事迹。贺齐（？—227），字公苗，会稽山阴（今浙江绍兴）人，三国时吴国名将。本姓庆，避汉安帝父讳，改姓贺。少为郡吏，后为新都太守，拜为奋武将军，有功封山阴侯。东汉建安八年（203），会稽郡南部建安（今福建建瓯）、汉兴（今福建浦城）、南平（今福建南平）等地的强族首领洪明等起兵反对孙权，贺齐受命率军一万五千余人讨伐叛贼，在大潭、盖竹等地打败贼众，收降六千余人，平建安之乱。

③酸枣：春秋时期郑国邑名，地在今河南延津西南。《元和郡县图志》卷八："以地多酸枣，其仁入药用，故名。"

④豫章：大木名，樟类。《淮南子·修务》："豫章之生也，七年而后知，故可以为棺舟。"春秋时为地名，其地本在淮南江北之间，后至江南。

【译文】

盖竹所生长的地方，大体在江东地区。竹丛上层严密防雨露，下部疏散可通风。其丛往往连片成亩，耸立散布在山岗和潭畔。

盖竹也是大竹，竹壁薄，肉白色，生长在江南深山峡谷之中，没听说有人家在房前屋后种植。这种竹子动辄成顷成亩

梅竹图

梅兰竹菊谱

墨竹图

的分布。《会稽典录·贺齐传》中记载说，贺齐曾经"征讨建安叛贼洪明，在盖竹地方大败敌众"。这是用盖竹称呼地名，就像用酸枣称呼城邑名，用豫章来称呼邦国名之类一样啊。

【点评】

盖竹也是因形而得名的一种竹子。《竹谱详录》中说，盖竹主要产在江浙地区的山谷之间，茎壁肉薄而色白。在距离地面七八尺左右的位置，盖竹枝叶婆娑，外形像伞盖一样，因此得名盖竹。

鸡胫似篁，高而笋脆。稀叶梢杪，类记黄细。

鸡胫。篁竹之类，纤细，大者不过如指。疏叶，黄皮，强肌，无所堪施。笋美，青斑色绿，沿江山岗所饶也。

【译文】

鸡胫竹类似篁竹，茎秆高耸，竹笋脆嫩。竹叶稀少，竹梢尖削，形态又黄又细。

鸡胫竹属于篁竹一类，枝干纤细，较大的也不过指头肚粗细。稀疏的叶子，黄色的外皮，强韧的肌理，都没有什么用处。其竹笋外观很漂亮，青花斑纹，颜色莹绿。这种竹子在沿江的山岗上生长最为茂密。

【点评】

鸡胫竹又名鸡颈竹，属于篁竹类的竹子。不过"鸡胫"与"鸡颈"音形虽然相近，但实质差别较大。北宋僧赞宁的《笋谱》称其为"鸡胫竹"，采纳了戴凯之《竹谱》的说法。但南宋陈元靓的《博闻录》谈到这种竹子时，说其"状似蛇雉(zhì)"，仅从字面揣测，又与"鸡颈竹"相吻合。唐代诗人皮日休在《题支山南峰僧》诗中有绝句："鸡头竹下开危径，鸭脚花中摘(tì, 开)废泉。"不知道他所言的鸡头竹是否就是鸡颈竹，今天已经难以定论了。

　　狗竹有毛，出诸东裔①。物类众诡②，于何不计？
　　狗竹。生临海山中③，节间有毛，见《沈志》。

【注释】

①裔(yì)：边远的地方。

②诡：怪异，奇特。

③临海：即临海郡，三国吴太平二年(257)分置，治所在临海县(今浙江临海)，辖境相当于今浙江灵江、瓯江、飞云江流域全部市县。

【译文】

狗竹长有毛刺，生长在东部沿海边远地区。事物的种类繁多，形状怪异，对于这些(异类)有什么不能记载的呢？

狗竹生长在临海郡的群山之中，竹节间生有竹毛。《临海异物志》有记载。

【点评】

狗竹是一种外形独特的竹子，《竹谱详录》中描述它有三寸粗细，竹节相连处生有竹毛。狗竹的竹笋三月份成熟，可以食用，样子与篱(sī)竹的竹笋差不多，但篱竹笋有毒而狗竹笋没有毒。

不仅竹笋相似，狗竹与篱竹在外形上也有相似之处。《玉篇》中说："篱，竹。有毒，伤人

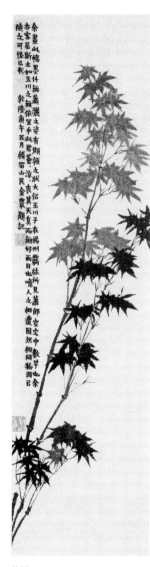

竹图

即死。生海畔，有毛。"看来这是一种既长毛又带有剧毒的竹子，外形就足以吓人的。《篇海类编》中将慈竹等同于慈笋竹，然而《竹谱详录》中却没有提及慈笋竹的毒性，反而指出它的一个生理特点，即每个竹节的上半节非常麻涩，人们常常把它削成锉子，用来磨指甲。北宋苏东坡、明代杨慎和徐光启都曾经提到过慈笋竹磨砺指甲的这种功用。

还有一种植物叫棕竹，主干像竹，节间也长毛，但并不是竹类，而是棕榈科物种。提到竹子长毛，还有一个字谜，即"竹子长毛，打一字"，谜底是"笔"字。毛笔是中国古代的重大发明之一，笔也列"文房四宝"之首。在湖南长沙左家公山和河南信阳长台关两处战国楚墓里，分别出土一支竹管毛笔，是目前世界上发现最早的竹管毛笔实物。

有竹象芦，因以为名。东瓯诸郡[①]，缘海所生。肌理匀净，筠色润贞[②]。凡今之簏[③]，匪兹不鸣[④]。

此竹肤是芦，出扬州东垂诸郡[⑤]。浙江以东为瓯越，故曰东瓯。苏成公始作簏[⑥]，似于今簏，故曰"凡今之簏"。

【注释】

①东瓯（ōu）：亦称"瓯越"，为越族的一支，《史记·东瓯列传》有载。后世遂以东瓯为温州或浙南地区的别称。

②筠（yún）：竹子的青皮。

③篪（chí）：古代的一种竹管乐器，管乐十孔，长尺一寸，吹孔有嘴。此乐器久佚，后泛指吹管乐器。

④匪（fěi）：通非，表否定判断。

⑤扬州：此处非指江都之扬州，而是古九州之扬州，其范围大体相当于今安徽淮水和江苏长江以南，以及江西、浙江、福建三省。

⑥苏成公：周平王时期姬姓诸侯，苏国国君。《世本》："暴辛公作埙（xūn），苏成公作篪。苏成公，平王时诸侯也。"

【译文】

有一种竹子像芦苇，所以得名为芦竹，生长东瓯诸郡的沿海地区。此竹肌肤纹理匀称明晰，竹皮颜色温润贞洁。凡是现在用的吹管乐器，不以此竹制作就吹不出美妙的音乐。

这种竹肌肤像芦苇，产自扬州东部边疆诸郡地区。浙江以东为瓯越地区，故称为"东瓯"。苏成公最早制成篪管，类似于今日的篪管，因此说"凡今之篪"。

【点评】

据《竹谱详录》记载，芦竹的外形像芦苇，但"叶阔而利"，竹叶是披针形的，竹笋味道虽苦，但尚可食用。芦竹不仅适合制作吹管乐器，其竹竿还适合作矛戟的柄，还能用来制成笔管，都与人们的生活息息相关。

会稽之箭，东南之美。古人嘉之，因以命矢。

箭竹。高者不过一丈，节间三尺，坚劲中矢。江南诸山皆有之，会稽所生最精好，故《尔雅》云："东南之美者，有会稽之竹箭焉。"非总言矣，大抵中矢者虽多，此箭为最，古人美之以首。其目见《方言》①。是以楚俗□□伯细箭五十②，跪加庄王之背③，明非矢者也。

靓妆倚石图

【注释】

①《方言》：全称《輶轩使者绝代语释别国方言》，西汉扬雄撰，是中国最早的方言学著作。全书模仿《尔雅》体例，一名一物皆详其地域言语之异同，可以了解先秦及汉代各地不同方言的分布情况。《方言》卷九："箭自关而东谓之矢……关西曰箭。"

②"是以楚俗"句：此句各版皆缺二字。

③庄王：即楚庄王（？—前591），春秋时期楚国国君，他重用人才，改革内政，发展生产，国力日强，成为春秋五霸之一。（杨按：从"细箭加背受笞"一事来看，应当是指楚文王，而非楚庄王。）楚文王（？—前675），又称荆文王，是楚国历史上一位较有作为的国君。据《吕氏春秋·直谏》记载，楚文王在云梦打猎，三个月都不回来，又宠幸丹姬，一年不理国政。他的师傅保申认为，依楚先王定下的规矩，楚文王之罪应当受到笞刑惩罚。楚文王则以自己从襁褓就位列诸侯，请求换个惩罚方式。保申曰："臣承先王之令，不敢废也。王不受笞，是废先王之令也。臣宁抵罪于王，毋抵罪于先王。"楚文王回答："敬诺！"即遵命。于是保申拉来席子，楚文王伏在席上。保申将五十根细荆条捆在一起，跪着放到楚文王背上，再拿起来，如此做了两次，象征性地对楚文王施行了笞刑。楚文王悔过知改，终成为一代名君。

【译文】

会稽郡所产的箭竹，号称东南最精好的矢材。古人非常称赞它，于是以箭来指称矢。

箭竹高不过一丈，每节长三尺左右，坚韧符合造矢的要求。江南地区的山间都有分布，而以会稽郡所产的为最精好。因此《尔雅》说："东南最精好的物产，是会稽的箭竹。"这并不是说全部的弓矢都是竹质的，大体是适合造矢的材料很多，而以箭竹为最佳。古人称道箭竹最好，将其列在矢条目之首，见《方言》中的记载。因此，楚俗（阙）捆绑五十支细箭竹条，跪着加在楚文王的脊背，笞刑所用明显不是弓矢啊。

【点评】

戴凯之在《竹谱》"箭竹"条中揭示了一个人们习以为常，却浑然不知的"错误"，即箭竹以其优质材质与世人开了一个大玩笑，使得人们渐渐将"矢"的本义弃而不用或较为少用，而以"箭"来指代"矢"。宋代科学家沈括在《梦溪笔谈·谬误》中说："东南之美，有会稽之竹箭。竹为竹，箭为箭，盖二物也。今采箭以为矢，而通谓矢为箭者，因其箭名之也。"这条读起来似"绕口令"般的记载，其实讲得很清楚，竹子与矢本来是两种不同的事物，而之所以人们通称矢为箭，是因为以箭竹为材制作的矢闻名天下的缘故啊。

《竹谱详录》中说，箭竹又名筊竹，即《尚书》中所提到的"箘簬"，浙江及两广地区都有分布。箭竹共有两种：一种叶小，像四季竹，每节长二三尺有余，秋笋味香嫩脆，可以食用，名叫笄（jī）箭竹；另一种叶大，像篆竹，每节也两三尺长，还有的呈黑紫色，名叫箬（ruò）箭竹。这两种箭竹都茎秆细小并且劲韧实心，有的甚至通干无节，适合用来造矢。《尚书·禹贡》、《周礼·夏官》、《尔雅》、《山海经》、谢灵运《山居赋》等典籍和文赋都谈到了箭竹材质优的特点，所以在李衎的《竹谱详录》中，箭竹被称为竹之"全德品"。

　　箘簬载籍①，贡名荆鄙②。
　　箘、簬二竹，亦皆中矢，皆出云梦之泽③。《禹贡》篇"出荆州"④，《书》云"厎贡厥名"⑤，言其有美名，故贡之也。大较故是会稽箭类耳⑥。皮特黑涩，以此为异。《吕氏春秋》云"骆越之箘"⑦，然则南越亦产，不但荆也。

【注释】

　　①箘（jùn）：即箘簬（lù）竹，《说文解字·竹部》："箘，箘簬也。"段玉裁注曰："箘簬，二字一竹名。"又单用为箘，《广韵·轸韵》："箘，竹名。"簬（lù）：同"簬"。《字汇·竹部》："簬，美竹，可为箭者。"

　　②荆鄙：指荆州，古九州之一，范围大致相当于今湖北、湖南二省及河南、贵州、广西、广东等省部分地区。荆指荆山（今湖北南漳）。

③云梦泽：古大泽名。约在今湖北江陵以东，江汉之间。

④"禹贡"句：《尚书·禹贡》："荆及衡阳惟荆州……惟箘簬楛（hù）。"孔安国传曰："箘、簬，美竹，……皆出云梦之泽。"

⑤厎（dǐ）：四库本"厎"作"底"。厎，代词，表指称，相当于"这"、"此"。《尚书·禹贡》："荆及衡阳惟荆州……三邦厎贡厥名。"名：指名产，著名物产。

⑥较（jiào）：副词。表示一定程度，相当于"略"、"稍"。

⑦"《吕氏春秋》云"句：《吕氏春秋·本味篇》："和之美者……越骆之菌。""越骆"即"骆越"，又作"雒越"，古族名，百越之一。秦汉时期生活在今广西左右江流域至越南红河三角洲一带。

【译文】

箘簬竹是上古典籍中记载过的竹子，即产于荆州偏远地区的著名贡品。

箘竹和簬竹｛杨按：亦或一竹｝两种竹子，也都适合用来造矢，都出产于云梦泽中。《禹贡》篇记载"箘竹产自于荆州"，《尚书》接着说"这是（荆州三邦）贡赋来的当地名产"，上述记载是说箘竹有美名，因此作为贡品进献朝廷啊。大概就是会稽箭竹之类的竹子吧。其竹皮非常黑，外表麻涩，这是一个特别之处。《吕氏春秋·本味篇》提到"（调料调和味道好的有）骆越地区

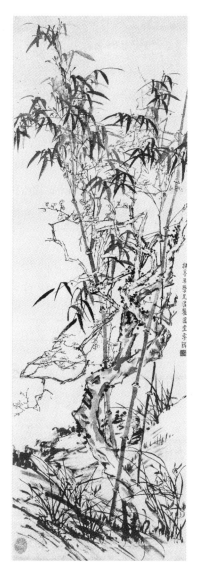

梅兰竹图

的箘笋"，这样看来南越地区也产箘竹，不只是荆州的特产啊。

【点评】

箘簬竹与箭竹属于同一类的竹子，前文已经提及。上古典籍对箘簬竹有较多的记载，比如《山海经·中山经》"中次十二经"里记载："又东南一百八十里，曰暴山，其木多栟（zōng）、柟（nán）、荆、芑（qǐ）、竹、箭、䈏、箘。"不过，对于箘簬竹究竟是什么样的竹子，历代学者也有不同的认识，如清代文字学家段玉裁就认为箘簬即是《吴都赋》中的射筒竹，他根据刘渊林的注解，以箘竹亦可造箭，就指认为射筒竹，没有详加区分二者差异，显然是错误的。北宋王安石《寄袁州曹伯玉使君》诗有"湿湿岭云生竹箘，冥冥江雨熟杨梅"的绝句，表达了对友人尽快升迁的美好祝愿。

䈏亦箘徒，概节而短。江汉之间，谓之箊竹①。

《山海经》云"其竹名䈏"②，生非一处，江南山谷所饶也。故是箭竹类。一尺数节，叶大如履。可以作篷，亦中作矢，其笋冬生。《广志》云："魏时，汉中太守王图③，每冬献笋。"俗谓之箊笴④。箊，苦怪反⑤。

【注释】

①箊（kuài）："箊"的异体字，竹名，即䈏竹。

②《山海经》云"其竹名䈏"：杨按：《山海经》中没有"其竹名䈏"的说法，只有多处关于䈏的记载。如《西山经》："英山……其阳多箭䈏"，《中山经》："牡山……其下多竹箭、竹䈏"、"求山……其木多苴、多䈏"、"暴山……其木多棕、楠、荆、芑、竹、箭、䈏、箘"。

③汉中：即汉中郡，战国秦惠王更元十三年（前312）设置，治所在南郑（今陕西汉中），范围相当于今陕西秦岭以南，留坝、勉县以东，湖北郧县、保康以西，米仓山、大巴山以北地区。

④笴（gǎn）：箭杆，又指弓材。

⑤苦恠(guài)反：随着佛教传入后，汉字产生了反切的注音方法，即两个汉字合起来为一个汉字注音，取前一个汉字的声母，取后一个汉字的韵母和声调，组合起来为被切字注音。"箘"字读音，即取"苦"字声母，"恠"字韵母和声调，发音为kuài。

【译文】

箃竹也属于箘竹类竹子，节少而短小，江汉之间地区通称为箃竹。

《山海经》中多次提到了箃竹的名字，不只在一地生长，江南地区的山谷中都盛产。因此也属于箭竹类，一尺分有数节。叶子呈披针形，可以做成篷搭，也适合造箭。它的笋在冬天萌发。《广志》里记载："曹魏时期，汉中太守王图，每年冬季向朝廷进贡箃笋。"箃竹又俗称为箃笴。箃字发音苦恠反。

【点评】

箃竹的"箃"字也可以写作"䈽"或"籓"，它又叫做箃竹。箃竹的枝叶与篆竹接近，只是竹节偏短，最长不过五至七寸。箃竹扎根深，能耐冬寒，夏秋时节出笋，可以食用。竹节较长的又可称为"媚竹"。《太平御览》里提到一种箃竹，箃音蒯(kuǎi)，恐怕就是"箃"字之讹。另外《广志》里除了提到汉中太守王图进贡箃笋之外，还谈到

潇湘风竹图

箽竹可以充当屋椽，莫非还有另外一种箽竹吗，可惜《竹谱详录》的作者李衎没有亲眼看到箽竹当屋椽的例子，现在也不便考证了。

根深耐寒，茂彼淇苑①。

北土寒冰，至冬地冻，竹根类浅，故不能植。唯箴根深，故能晚生。淇园，卫地，殷纣竹箭园也②。见班彪《志》③。《淮南子》曰"乌号之弓，贯淇卫之箭"也④。《毛诗》所谓"瞻彼淇奥，绿竹猗猗"是也⑤。

【注释】

①淇（qí）苑：即淇园，古代以产竹闻名，在今河南淇县西北。淇县即是古朝歌之地，商纣王时的都城，春秋时为卫地。

②殷纣：即殷商最后一王帝辛，名纣，帝乙之子，在位期间炫耀武力，广建宫宛，奢靡淫乐，滥施重刑，后被周武王推翻统治。

③班彪（3—54）：字叔皮，扶风安陵（今陕西咸阳东北）人，东汉著名史学家和文学家。接续司马迁《史记》，撰《史记后传》。其子班固、班超，女班昭，皆有名。班彪的史学思想和前期资料整理工作，对其子班固撰成《汉书》产生了重要影响。《汉书·沟洫志》："是时东郡烧草，以故薪柴少，而下淇园之竹以为楗（jiàn，堵河之柱桩）。"

④"《淮南子》曰"：淮南子，又称《淮南鸿烈》。西汉武帝时，由淮南王刘安及门客编纂而成。该书在先秦道家思想的基础上，多采阴阳五行学说，又融汇儒、墨、法等诸家思想，是研究秦汉思想文化的重要文献。《淮南子·原道训》："射者扞（hàn）乌号之弓，弯棋卫之箭。"乌号指良弓，桑柘木制成。棋卫当为"淇卫"。

⑤"《毛诗》所谓"句：《毛诗》，《诗经》古文学派之一。早期《诗经》有《齐诗》、《鲁诗》、《韩诗》、《毛诗》四家学派，据传《毛诗》之学出自孔子弟子子夏，后由荀况传于毛亨（大毛公），又由毛亨传于毛苌（小毛公）。其学于汉平帝元始五年（5）置博士，列

于学官，至东汉时期大盛。因其他三家逐渐失传，所以后世所传《诗经》文字基本均从《毛诗》，世人遂以《毛诗》指代《诗经》。《诗经·国风》之《卫风·淇奥》："瞻彼淇奥，绿竹猗猗。有匪君子，如切如磋，如琢如磨。"淇奥（yù），"奥"通"澳"，淇水曲岸。猗猗（yī），美丽茂盛的样子。

【译文】

竹子只有扎根深入才能忍耐严寒，故能在淇园地区丰茂生长。

北方地区秋季寒冷冰凉，到了冬季大地封冻，一般的竹子竹根浮浅，因而不能种植生长。只有箭竹扎根很深，所以才能迟晚萌生。淇园在春秋时的卫国地区，就是商纣王时期竹箭园的所在地。见于班彪《志》。《淮南子·原道训》中说"张开乌号之弓，搭射淇卫之箭"。《诗经·卫风·淇奥》所歌颂的"远看那淇水弯曲的河岸，绿竹茂盛而随风婆娑"，（这些都是说的淇园箭竹的景观啊）。

【点评】

箭竹是竹子家族中的一个大类，戴凯之不惜笔墨，又特别强调了箭竹中的某些品种能够在寒冷的北方茂盛生长，尤其是淇水流域的竹园名满天下，"淇园"甚至成为后世竹文化的一个代名词。

中国古代竹文化有一南一北两个标志性"文化圣地"，南方的就是湖南洞庭君山，以产湘妃竹著称于

竹石图

梅兰竹菊谱

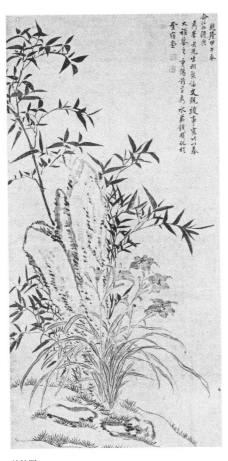

兰竹图

世，北方的就是河南淇水之畔的淇园，因《诗经·淇奥》而扬名大江南北。明代陆容《满江红·咏竹》："问华胄，名淇澳。寻苗裔，湘江曲。"即是对这一独特文化现象的点睛描绘。

早在殷商时期，淇水的竹园就已经成为天子的苑囿。《竹书纪年》记载："（商纣王）十七年，西伯伐翟。冬，王游于淇。"据此可知，淇水竹园至少已经具有三千余年的历史了。到了西周与春秋之际，淇竹伴随着卫武公的美好政声载入《诗经》，从此便在中国文化史上名冠天下，誉满古今。西汉元封二年（前109），为了堵住黄河决口，汉武帝亲临治河第一线，下令砍伐淇园的竹子，制成堵河的河桩，终于将决口二十余年的黄河治服，淇竹在其中发挥了至关重要的作用。王莽篡汉，新国破灭之后，河内太守寇恂（xún）曾伐淇园之竹，造箭百余万以充实兵力，为辅佐汉光武帝刘秀夺取并巩固政权，立下了汗马功劳，淇竹再一次进入了历史的视角。此后，文人雅士竞相以淇竹比附，歌赋之作层出不穷，成为咏竹文学中的一道夺目光彩。

在中国古代文学史上，竹子成为文学描写的对象，始从《诗经》算起。《诗经》中共有7处提到了竹子，其中有5处是发生在淇水流域。《诗经·卫风·淇奥》中有诗句曰：

瞻彼淇奥，绿竹猗猗。有匪君子，如切如磋（cuō），如琢如磨。瑟兮僩（xiàn）兮，赫兮咺（xuān）兮。有匪君子，终不可谖（xuān）兮。

此诗以淇园绿竹比兴，将卫武公描绘成一位美貌有礼，神态庄重，胸怀宽广，地位显赫，举止威严，令人一见难忘的君子形象。在这竹碧水澄的如画意境中，与其说是在歌颂卫武公的功绩，倒不如说是在吟诵一位高雅的美君子。其形体服饰美，其内在道德更美，故而引得历代文人无不倾心醉心，顶礼膜拜，佳句频传。

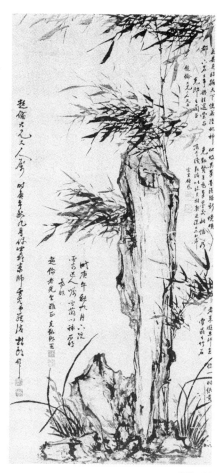

　　篲筱苍苍[①]，接町连篁。性不卑植，必也岩岗。逾矢称大，出寻为长。物各有用，扫之最良。

　　篲筱。中扫帚，细竹也，特异他筱。见《广志》。至大者不过如箭，长者不出一丈，根杪条等下节。生惟高阴，动有町亩，庐山所饶也。扫帚之选，寻阳人往往取下都货焉[②]。

【注释】

　　①篲（huì，旧读suì）：竹名。又指竹扫帚。

　　②寻阳：即寻阳郡，西晋惠帝永兴元年（304）分置，治所在寻阳县（今湖北黄梅西南），辖境相当于今江西九江以西，湖北武穴以东的长江两岸地区。取（qū）：通"趣"，趋向。下都：对首都而言，古称陪都为下都。因西晋都城为洛阳，东晋及南朝宋时期习惯以建业（今江苏南京）为下都。货：卖。

【译文】

　　篲筱竹苍翠莽莽，成片成亩，连为竹园。它生

兰竹石图

性不喜欢在低洼处生长，一定得在岩壁和高岗上才长势良好。这种竹子中，超出箭杆的长度就算大的，超过一寻就算长的。事物都有各自的功用，簜筱竹做的扫帚堪称最佳。

簜筱竹适合制作成扫帚，是一种细小的竹子，与其他小竹尤其不同。《广志》中有记载。簜筱竹中比较大的也不超过一箭杆长，最长的也超不出一丈，根梢条的下节适合做帚。它只生长在高处背阴的地方，动辄成亩丛生，庐山地区最为盛产。簜筱竹制成的扫帚是扫帚中的首选，寻阳人往往到下都南京去贩卖。

又有族类，爰挺峄阳①。悬根百仞②，竦干风生。箫笙之选，有声四方。质清气亮，众管莫伉③。

鲁郡邹山有筱，形色不殊，质特坚润，宜为笙管，诸方莫及也。《笙赋》云④，所谓"邹山大竹，峄阳孤桐"，此山竹特能贞绝也。

【注释】

①峄（yì）阳：峄山南坡。峄山又称邹山、邹峄山、绎山，在今山东邹城市东南二十里。传说山南多桐树，可作琴材。

②百仞：虚指，形容很高。

③伉（kàng）：同"抗"，对等。

④《笙赋》：在戴凯之生活时代之前，许多辞赋家都留下以"笙赋"为题的作品，如枚乘、夏侯惇、潘岳、王庚等，此处未知戴凯之据自何家。收入《文选》的潘岳（字安仁）《笙赋》中没有"邹山大竹，峄阳孤桐"之句，只有"邹鲁之珍，有汶阳之孤筱"之句。《尚书·禹贡》有"峄阳孤桐"之记载。

【译文】

又有同族类的筱竹，挺立在峄山南坡。扎根在高高的山岗之上，耸立主干，迎风摇曳，哗哗作响。这种筱竹是制作箫和笙的首选材料，声名传播四方。音质清晰，声气洪亮，其他材质

梅与竹皆
清之纯
者而芒窭
一己其
清境何如
耶彼幅
中惟几而
观古其
殆丁献和
靖之法
宇苏每

竹林听泉图

的吹管乐器都不能与之相比。

　　鲁地邹山有筱竹，外形和颜色都没有什么特别的，质地非常坚硬而滑润，适宜剖制成笙管，其他地方的竹子都比不上。《笙赋》里说，所谓"笙材以邹山的筱竹为最优，琴材以峄阳的孤桐为最佳"，这峄山的筱竹是竹类中贞洁少见的品种啊。

　　亦有海筱，生于岛岑[1]。节大盈尺，干不满寻。形枯若箸，色如黄金。徒为一异，罔知所任[2]。

海中之山曰岛，山有此筱。大者如箸，内实外坚，拔之不曲。生既危埇③，海又多风，枝叶稀少，状若枯箸。质虽小异，无所堪施。交州海石林中遍饶是也。

【注释】

①岑（cén）：小而高的山。

②罔（wǎng）：副词。不。

③埇（yǒng）：给道路培土。此指海岸坡地。

【译文】

还有海筱竹，生长在岛屿中的小山峰上。竹节长大超过一尺，主干长度不超出一寻。外形枯琐像筷子，颜色金黄。只是一种独特的物产罢了，不知道它有什么实际用处。

大海中的山叫岛，山上生有这种海筱竹。此竹较大的像筷子般粗细，内心饱实，外皮坚硬，挺拔而不弯曲。海筱竹生长在高险的海岸坡地上，海中又多风，因此枝叶稀少，外形像干枯的筷子。材质虽然与筱竹只有微小差异，但却没有什么用处。交州沿海石林中到处都是这种竹子。

赤、白二竹，还取其色。白薄而曲，赤厚而直。沅澧所丰①，余邦颇植。

颇，少也。俗曰"白鹿竹"，亦可作簦。浔阳郡人呼为"白木竹"。燥时皮肉皆赤。武陵溪中是所丰是也②。

【注释】

①沅（yuán）：水名。在湖南西部。源出贵州云雾山，上游称清水江，流经湖南，最后注入洞庭湖。澧（lǐ）：水名。在湖南西北部。发源于湖南省西北与湖北鹤峰交界处，向东南流经桑植，再向南向东经张家界、慈利、石门、澧县、津市，经七里湖而入洞庭湖。

②武陵：即武陵郡，西汉高帝时改置，治所在义陵县（今湖南溆浦），辖境相当于今湖南沅江流域以西，贵州东部，及广西龙胜、四川秀山等地。东汉移治临沅县（今湖南常德）。另，常德西三十里有武陵溪。

【译文】

赤竹、白竹这两种竹子，还是得名于其颜色。白竹壁薄而弯曲，赤竹壁厚而挺直。二竹在沅江、澧水流域地区生长最为丰茂，其他地区少有种植。

颇，就是少的意思。白竹又俗称为白鹿竹，也可以做成竹席。赤竹被浔阳郡人称呼为白木竹，晒干时里外都是赤红色。这两种竹子在武陵地区的溪谷中所产最多。

【点评】

根据《竹谱详录》的记载，白竹并非如戴凯之《竹谱》中所言的只局限于沅澧流域，在江浙、江西、两广和安南地区都有生长。当然，个中原因也许是在南朝宋时期，白竹多分布在沅澧地区，后来逐渐引种扩散到上述各地的。白竹的竹叶与淡竹相同，也是绿色的，

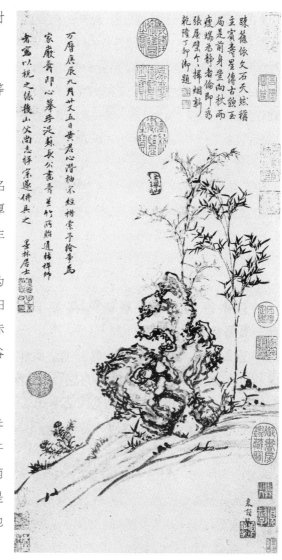

仿苏轼寿星竹图

只是在笋萌发时箨叶呈现纯白色，没有任何杂红色和斑点花纹。河南济源长有一种白竹，外形与淡竹相同，当把竹竿破成篾条的时候，呈现纯白色，可以用于编织斗笠。晚唐五代陈致雍撰写的《晋安海物异名记》，则主张白竹是因竹节白色而得名的。

白鹿竹也是白竹的一种，又名遣竹，广东连州抱腹山所产最多。它的茎秆是白色的，竹节相间处微微有绿色。当地土著人等白鹿竹出笋，脱去箨皮，露出竹梢以后，就将其采回家，用灰煮水浸制成竹布。采用这种方法织成的竹布，一匹才有数两重，手感非常轻盈滑爽。

赤竹主要产自沅澧之间，外形大体上与白竹差不多，只是茎壁比白竹厚实而坚硬。赤竹生笋时，箨皮呈现赤红色，因此得名赤竹。不过，寻阳地区也把赤竹叫做白木竹，因为只有当把白木竹晒干时，它才通体赤红，平常情况下与白竹没有太大区别。陈致雍《晋安海物异名记》里记载，赤竹"横槙（diān）节直，其本径尺"。这也就是说，赤竹非常笔直，即便是竹节相接处也不明显，通体可以走尺测量而无障碍。

　　肃肃筜簩①，戛戛攒植②。擢笋于秋③，冬乃成竹。无大无小，千万修直。簩幕内暠④，绣文外烨⑤。

　　筜簩竹。大如脚指，坚厚修直。腹中白幕阑隔⑤，状如湿面生衣⑦。将成竹而笋皮未落，辄有细虫啮之⑧。陨箨之后，虫啮处，往往成赤文，颇似绣画可爱。南康所生。见《沈志》也。

【注释】

①筜簩（hán duò）：筜同"箇"。簩同"簵"。簵，《广韵·果韵》：簵，同"笿"。筜簩竹是一种实心竹。

②戛戛（cè）：锋利的耜（sì，农具）深耕快进的样子。攒（cuán）：聚集。

③擢（zhuó）：抽，拔。

④暠（hào）：同"皓"，白。

花卉泉石图

⑤赩(xì)：大赤色。

⑤阑(lán)：阻隔，阻挡。

⑦生衣：绢制的夏衣。

⑧啮(niè)：(小动物)用牙啃或咬。

【译文】

答簜竹清静幽雅，种植它的时候，需要用木耜深耕，聚束栽培。这种竹子在秋季抽笋，到冬天就长成竹子了。无论大的小的，成千累万，修长挺直。答簜竹竹腔中有白色的隔膜，外皮上还有大红色的花纹。

答簜竹有脚指般粗细，坚硬厚实，修长挺直。竹腔中有白色的横膈膜，形状像浸湿的绢制夏衣。在答簜竹即将长成竹子，而笋皮还没有脱落的时候，就会有小虫子来啃食竹笋。等笋皮脱落以后，被小虫咬的地方往往成为红色花纹，颇似刺绣绘画般可爱。答簜竹生长在南康地区。《临海异物志》中有记载。

【点评】

答簜竹又叫答竹，不仅生长在南康地区，在浙东沿海地区的群山中也到处都有生长。这种竹子的最大生理特点是竹腔中有白膜，据《竹谱详录》中记载，膈膜并非一直是白色，在初生的时候呈现纯紫色，然后随着竹子长大而渐渐变红，待到竹子成熟以后方才变为白色。答簜竹的枝叶像四季竹，也并不如戴凯之所描述的在秋天抽笋，而是四季都可以生笋，笋子可以食用。另外，生长在南康地区的笿簩竹，如果在成笋期间被小虫啃咬过，反而会在成竹以后于被咬处形成美丽的红色花纹，也算是一奇特之处。浙东人家经常取笿簩竹当作篱笆，均匀整齐，即实用又美观可爱。闽中山区也多产笿簩竹，当地人有的称其为咸竹，不知所据何来，恐怕是声讹之误吧。《闽中记》里将其记作"含笯竹"，重点提到它外形"圆如指大"，可以编织成藩篱，与戴凯之《竹谱》的描述是相吻合的。

　　箛簬诞节①，内实外泽。作贡汉阳②，以供辂策③。
　　箛簬竹。生于汉阳，时献以为辂马策。见《南郡赋》④。

【注释】

　　①箛簬（gū duò）：竹名。簬同"簵"。诞：大。

　　②汉阳：即指南阳郡。古代山南水北为阳，南阳在汉水之北，故又称汉阳。南阳郡最早为战国秦昭襄王三十五年（前272）设置，治所在宛县（今河南南阳），汉时辖境相当于今河南桐柏以西，湖北丹江口以东，河南鲁山以南，湖北广水以北的地区。下文张衡的《南都赋》，就是以东汉时的南阳郡为描写对象的。

　　③辂（lù）：本义为绑在车辕上用来牵引车子的横木，特指为帝王的大车。策：马鞭。

　　④《南郡赋》：百川学海本作"《南郡赋》"，四库本作"《南都赋》"，应从四库本。张衡《南都赋》："其竹则鐘笼簹篾，筿簳箛箠。"

【译文】

　　箛簬竹大竹节，内实心而外亮泽。曾作为南阳地区的贡品，供用天子大车的马鞭。

　　箛簬竹产自南阳郡地区，经常被进献朝廷，作为天子大车的马鞭。《南都赋》中有记载。

　　浮竹亚节①，虚软厚肉。临溪覆潦②，栖云荫木。洪笋滋肥，可为旨蓄③。

浮竹。长者六十尺，肉厚而虚软，节阔而亚，生水次。彭蠡以南④，大岭以北⑤，遍有之。其笋未出时掘取，以甜糟藏之，极甘脆，南人所重。旨蓄，谓草莱甘美者可蓄藏之以候冬⑥。《诗》曰："我有旨蓄，可以御冬。"

【注释】

①亚：少。《增韵·祃韵》："亚，少。"

②潦（lǎo）：本义为雨后积水，此处指水塘。

③旨蓄：储备过冬的食品。《诗经·邶风·谷风》："我有旨蓄，亦以御冬。"后泛指储藏的美味。

④彭蠡（lǐ）：湖名。即今江西鄱阳湖。本在长江以北，西汉以后，江北彭蠡萎缩，彭蠡之名被南移至今鄱阳湖一带。隋代此湖因靠近鄱阳山而又得名鄱阳湖。

⑤大岭：或指今江西省与广东省交界处的大庾（yú）岭，或指广东新丰县的大岭山。根据《竹谱详录》中"浮竹"条的记载，大岭极有可能是一种泛称，即指五岭，也就是今天的南岭。

⑥草莱：草茅，杂草之类。

【译文】

浮竹竹节稀少，枝条柔软，茎壁肉厚。喜欢濒临溪水和在水洼边生长，竹体高大丰茂，高耸入云，遮盖住其他树木。硕大的竹笋非常肥美，可以储藏起来，留到冬天食用。

浮竹较长的能达六十尺，竹秆肉厚，枝条柔软，竹节宽阔并且稀少，喜欢生长在水边。从彭蠡湖以南，至大岭以北，到处都有这种竹子。在浮竹笋没有钻出来时，将其挖出，然后用甜糟淹浸储藏，非常甘甜爽脆，南方人很爱吃。旨蓄就是指草类中味道甘美的，可以储藏起来，等到冬天食用。就像《诗经·邶风·谷风》中所说的，"我有了储藏的美味，也可以抵御冬天的饥寒"。

【点评】

《竹谱详录》对浮竹也有专条记载。李衎认为浮竹原产自湘江上游全州（今广西全州）的山谷中，较大的茎围约有五六寸粗细，竹节每节约长五尺左右，主干浑圆厚实，枝条柔软，五岭以北地区到处都有生长。浮竹的幼笋味道鲜美，成为南方的一道美食。这些都是戴凯之《竹谱》曾经提到过的。李衎通过了解还发现，浮竹不仅竹笋味美，还能制成竹筒饭，更是别具风味。当地人将浮竹截成适宜的小段，中间填充上洗净的大米，再把竹筒两头用木塞堵实，然后将其放到火上蒸烤。待米熟以后，将竹筒一劈两半，香喷喷的竹筒饭就做成了。用这种方法做出的米饭带有竹子的淡淡清香味，非常香美可口，沁人心脾。

> 厥性异宜，各有所育。篾植于宛①，笉生于蜀②。
> 篾竹，见《南郡赋》③。笉竹，见《蜀都赋》④。

【注释】

①篾（miè）：同"篾"，竹名。宛：春秋战国楚邑，秦汉置宛县，在今河南南阳。

②笉（niè）：竹名。一种白皮竹。

③《南郡赋》：百川学海本作"南郡赋"，四库本作"南都赋"，应从四库本。东汉张衡《南都赋》："其竹则鐘笼篁篾，筱簳箛箬。"

④《蜀都赋》：西汉扬雄《蜀都赋》："其竹则鐘笼笉篁（jǐn）。"

【译文】

竹子生长习性的差异适宜性，导致各地各有不同竹子品种。篾竹长在南阳宛地，笉竹则生于川中蜀地。

篾竹在东汉张衡的《南都赋》中有记载。笉竹在西汉扬雄的《蜀都赋》中有描述。

【点评】

篾既是一种竹子的名称，又更多的指细长竹条，与人们的生产和生活有着紧密联系。比如现代人常用的名片，大部分都是纸制的，但在古代没有纸时，人们只能削竹木写上自己的名字，作为拜访通名时使用，称为名刺。古代的名刺多是竹篾条，到后来就用"篾片"来指代豪门富家帮闲的清客。再如，许多地区在过元宵节时有舞龙灯的习俗，又称为"火龙"，这种龙灯就是用篾竹扎制成龙首、龙身、龙尾的框架，外面糊以纸壳，再绘上图案和色彩做成的。舞动龙灯时，内部点燃桐油捻，活灵活现，光彩照人。

小小竹篾在中国古代天文观测中还能派上大用场。浑仪中就少不了竹篾的身影。《新唐书·天文志一》记载："削篾为度，径一分，其厚半之，长与圆等，穴其正中，植针为枢，令可环运。自中枢之外，均刻百四十七度。全度之末，旋为外规。规外太半度，再旋为重规。以均赋周天度分。又距极枢九十一度少半，旋为赤道带天之纮。距极三十五度旋为内规。"东汉科学家张衡就曾经用这种竹篾浑仪来读取黄道度数。另外，竹篾不仅能指读黄道刻度，后来还成为分度的单位。《隋书·律历志》中说："凡日不全为余，积以成余者曰秒。度不全为分，积以成分者曰篾。"分、余、秒、篾组合起来，就成为中国古代的天文计算单位。

戴凯之在《竹谱》中只记载了笻竹的产地，

霜柯竹石图

并没有交待笁竹的形态特征。明代梅膺祚《字汇·竹部》中说："笁，笁筀，竹名。皮如白霜，大者宜为篙。"据此可以知晓，笁竹是一种外皮长有白霜的高大竹子。而《篇海类编·花木类·竹部》中记载："笁，竹笁，小箱也。"说明笁竹劈成篾条，也可以编织成小型竹制器皿供人所用。

　　细筱大簜^①。

　　《书》云："筱簜既敷^②。"郑玄云："筱，箭。簜，大竹也。"^③

【注释】

　　①簜（dàng）：大竹。

　　②筱簜既敷：《尚书·禹贡》："筱簜既敷，厥草惟夭，厥木为乔。"

　　③"郑玄云"句：郑玄（127—200），字康成，北海高密（今山东高密）人，东汉著名经学家。曾师事古文经学大家马融，后兼通今古文经学，遍注群经，在整理古代文献上有重要贡献。另，对于"筱簜既敷"，西汉经学大师孔安国曾传曰："筱，竹箭。簜，大竹，水去已布生。"

【译文】

　　竹类中体形小的通称为筱竹，体形大的被称为簜竹。

　　《尚书·禹贡》中记载："筱竹和簜竹都已经生长丰茂。"东汉郑玄注解道："筱，就是箭竹。簜，就是指大竹子啊。"

【点评】

　　《尔雅·释草》中说："簜，竹。"郭璞认为簜就是竹子的别称，而李巡则详细指出"竹节相去一丈曰簜"，孙炎也附和说"竹阔节者曰簜"。看来，簜竹在古代文献中就是指竹节较长，体形较大的竹子。另外，簜还是一种大型笙箫乐器的名称。《仪礼·大射》中有"簜在建鼓之间"的说法，郑玄注解说："簜，竹也，谓笙箫之属。"清代段玉裁在其《说文解字注·竹部》中进一步说："簜者，竹名。以竹成器亦曰簜。笙箫皆用小竹，而云簜者，大之也。"簜竹不仅在礼乐活动中充当重要角色，还能在国家重大朝会典礼上崭露身姿。唐代杜佑《通典·宾礼二》中记载："凡邦国之使节，山国用虎节，土国用人节，泽国用龙节，皆金也，以英簜辅之。"当地方诸邦国派出使节赴中央朝觐的时候，使节都要带上金制的符节。这么贵重的信物放到什么器物里盛放呢？当时的礼仪制度规定，符节必须放到英簜之中。"英簜者，断大竹两节间以为函也。"英簜就是将大竹子截取两节中间的一段，做成的符节函盒。

　　竹之通目，玄名统体。譬牛与犊①，人之所知，事生轨躅②。
　　车迹曰轨，马迹曰躅。

【注释】

　　①犊（dú）：小牛。

　　②躅（zhuó）：足迹。轨躅泛指车行的痕迹。

【译文】

　　竹子虽有一般通称与深奥专名的不同，但其本质是一致的。这就譬如牛与犊的区别和联系。仅就人们所了解的知识而言，大部分得自于人类活动范围之内，也就是说来自于人类的实践。

　　车行的痕迹称为轨，马留下的印迹称为躅。

　　赤县之外①，焉可详录。臆之必之②，匪迈伊瞩③。

　　邹子云④：今四海谓之瀛海⑤，瀛海之内谓之赤县。瀛海之外如赤县者复有八，故谓之九州。非《禹贡》所谓九州也。天地无边，苍生无量。人所闻见，因轨躅所及，然后知耳，盖何足云。若耳目所不知，便断以不然，岂非愚近之徒者耶⑥！故孔子将圣⑦，无意无必⑧。庄生达迈⑨，以人所知，不若所不知⑩。岂非苞鉴无穷，师表群生之谓乎！⑪

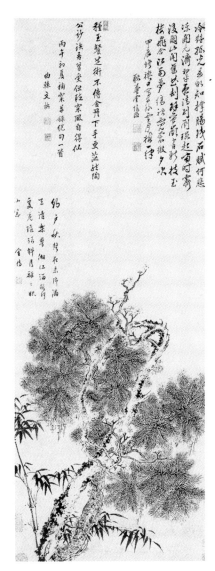

岁寒三友图

【注释】

①赤县："赤县神州"的简称，指中国。《史记·孟子荀卿列传》："中国名曰赤县神州。赤县神州内自有九州，禹之序九州是也，不得为州数。中国外如赤县神州者九，乃所谓九州也。"

②臆(yì)：主观的，猜测的。

③伊：表第三人称，相当于"他"。瞩(zhǔ)：望，看。

④邹子：邹衍及其著作《邹子》。邹衍（约前305—前240），战国时齐国人，为阴阳家代表人物。他深观天地阴阳变化，提出五德转移之说，认为历史按照土、木、金、火、水相克的顺序循环。《邹子》一书体现了邹衍的阴阳五行思想，共计四十九篇，久佚。

⑤瀛(yíng)海：浩瀚的海洋。

⑥岂非愚近之徒者耶：四库本作"岂非囿近之徒耶"。

⑦孔子（前551—前479）：名丘，字仲尼，春秋晚期鲁国陬邑（今山东曲阜东南）人，儒家学说的创始人。被后世尊称为"至圣先师"、"万世师表"。将(jiāng)：奉行。

⑧无意无必：即"毋意毋必"，出自《论语·子罕》："子绝四：毋意，毋必，毋固，毋我。"

⑨庄生：即庄子（约前369—前286），名周，

字子休，宋国蒙（今河南商丘东北）人，战国时期道家思想的集大成者。

⑩以人所知，不若所不知：《庄子·秋水》："明乎坦涂，故生而不说，死而不祸，知终始之不可故也。计人之所知，不若其所不知；其生之时，不若未生之时。以其至小，求穷其至大之域，是故迷乱而不能自得也。"

⑪师表：表率，学习的榜样。

【译文】

赤县神州以外的情况，怎么能够详细描述呢。主观猜度和必然武断的态度，永远都会受到人们的视野范围的局限。（也就是说，世界是无穷的，人们的认识是有限的。）

邹衍说，现今的四海又叫瀛海，瀛海之内称为赤县神州。瀛海之外像中国这样的大陆还有八个，所以共称为九州。这个九州可不是《禹贡》中所谓的九州啊。天地没有边界，苍生万物没有限量，人们所听到的和看到的，是经过人们的实践，然后获得的知识，这怎么足够呢？若耳目没有听闻看见，便武断地认为不是那么回事，岂不是愚笨得近乎白痴了吗？因此，孔子奉行圣道，没有主观猜测，也没有必定期望。庄子豁达超越，他认为人们所了解的世界，远不及未知的世界。这不正是说的苞鉴无穷，师表群生的境界吗！

【点评】

在《竹谱》的结语两部分，戴凯之将全书字里行间所蕴含的思想拔升到哲学世界观的高度。他以"人之所知，事生轨躅。赤县之外，焉可详录"直接破题，提出了一个世界的大与小，也就是人们的认知范围问题，并进一步生发出以什么样的心态对待外部世界的问题。

就戴凯之所生处的时代而言，人们所了解的知识范围，无非就在人们的实践范围之内。某些人仅凭耳闻目睹来认识外部世界，必然导致坐井观天，自满自大，强不知以为知。孰不知在赤县中国之外，还有更加广阔的世界，还有更多的未知领域。戴凯之引用了邹衍的世界观来阐明自己的认知立场。邹衍认为，中国称为赤县神州，而在中国之外像中国这样的州还有八个，这样的九州由大海环绕，"人民禽兽莫能相通"，组合成一个九州集团。然而在这个九州集团之外，还有八个类似的九州集团，又由大瀛海环绕着，这才达到了天地交接之处。换句话说，"中国者, 于天下乃八十一分居其一分耳", 也就是中国只占天下的八十一分之一。因此, 戴凯之说"天地无边, 苍生无量", 以人们所闻所见的那点知识, 怎么能够全面了解广阔的天下呢?

既然世界如此广大, 宇宙如此浩瀚, 而人类又如此渺小, 那么应该以什么样的内部心态来对待外部世界呢? 戴凯之认为, 在认识外界问题上有两种态度要不得。一种态度是"若耳目所不知, 便断以为不然", 即没有耳闻目见, 便不承认, 当作不存在, 这种典型的蛙井之见、无知无畏的态度不可取。另一种态度是"以其至小求穷其至大", 毫不满足, 贪求奢大, 强迫求全, 这种一蛇吞象、蚍蜉撼树的勉强心态也不可取。那么, 戴凯之主张采取的态度, 应该是像儒家孔子和道家庄子那样的"无意无必"的心态。未知世界远远超过人们的已知世界, 因此, 当人们在认识外界时就不应该抱有成见, 而应该随着外部的变化, 及时调整自己的认知; 不应该强求达到预见, 而应该顺其自然。

这样的世界观和认知观贯穿了《竹谱》的通篇内容。比如, 对于传说中的"员丘帝竹", 戴凯之记之以"巨细已闻, 形名未传"; 对于桂竹不同品种的差异, 他则抱之以"其形未详"; 对于寻竹, 他说"物尤世远, 略状传名"; 对于百叶竹和筹竹, 他又用"彼之同异, 余所未知"坦诚面对, 等等。这种博采而不偏信, 相对而不决绝的客观态度, 与戴凯之出入儒道的文化背景是分不开的。尽管关于戴凯之的历史记载非常稀少, 其六卷文集也早已经亡佚, 但从其"凯之"之名, 可基本断定他为天师道信徒, 偏重道家思想。因为东晋南朝时期, 许多人崇信天师道, 用"之"字或"道"字取名成为天师道的标志, 比如王导家族的后代, 名字就有允之、羲之、彪之、献之、裕之、悦之、秀之、延之等等。而《竹谱》中透露出来的他又推崇孔子和庄子, 表明他的思想以道为本, 儒道兼收, 出入于儒道之间。在《竹谱》中他非常关注每一种竹子的功用, 留心竹子在人们日常生产生活中扮演的角色, 体现了他关心国计民生的价值取向。

戴凯之一生"贫羸(léi)", "文虽不多, 气调警拔"。他能以客观准确而不失文采的笔调, 撰成我国古代也是迄今世界上第一部竹类专著, 其价值影响深远, 发挥了承前启后的作用, 成为中华文化宝库中的一颗璀璨明珠。

梅兰竹菊谱

菊谱

[南宋] 范成大

《菊谱》一卷，南宋范成大撰。又称《范村菊谱》、《石湖菊谱》。

北宋徽宗崇宁三年（1104），刘蒙撰写出第一部《菊谱》，亦称《刘氏菊谱》或《刘蒙菊谱》，此后至南宋末年，共有8部菊花专著相继问世。比如，史正志《史氏菊谱》、范成大《范村菊谱》、史铸《百菊集谱》等。其中，范成大的《范村菊谱》记载了苏州地区的36个菊花品种，能起到与其他菊谱互为参照的作用。

本书以宋刻咸淳左圭《百川学海》本为底本，宛委山堂《说郛》本和中华书局标点本为参本，整理校点之。

序

山林好事者，或以菊比君子。其说以谓岁华婉晚^①，草木变衰，乃独烨然秀发^②，傲睨风露^③，此幽人逸士之操，虽寂寥荒寒^④，而味道之腴^⑤，不改其乐者也。神农书以菊为养性上药^⑥，能轻身延年，南阳人饮其潭水^⑦，皆寿百岁。使夫人者有为于当年，医国庇民^⑧，亦犹是而已。菊于君子之道，诚有臭味哉^⑨！

【注释】

①婉（wǎn）晚：本义指太阳偏西，日暮。这里是时间晚，季节迟的意思。魏明帝曹叡《燕歌行》中有"白日婉晚忽西倾，霜露惨悽涂阶庭"之句。

②烨（yè）然：火光很盛的样子，这里指菊花开得很茂盛。

③睨（nì）：视，望，看。

④荒寒：既荒凉又寒冷。

⑤腴（yú）：美好。《文选·班固〈答宾戏〉》："委命供己，味道之腴。"李善注引用项岱的说法："腴，道之美者也。"

⑥神农书：此处是指《神农本草经》，成书于战国至秦汉时期，是依托神农氏的名字写的我国现存最早的药学专著，收载有植物药、动物药、矿物药等365种药材。书中将甘菊花列入上品，说它"主诸风，头眩肿痛，……久服利血气，轻身耐老延年"。

⑦潭水：即菊水、菊潭，也就是今河南南阳内乡县西北的丹水河。据《续汉书》南阳郡郦侯国注引《荆州记》记载："县北八里有菊水，其源旁悉芳菊，水极甘馨。又中有三十家，不复穿井，仰饮此水，上寿百二十三十，中寿百余，七十者犹以为夭。"可见，周围的人家常年饮用菊水，都很长寿。

桂菊山禽图

⑧医：治理；除患祛弊。庇（bì）：庇护。

⑨臭（xiù）味：气味，因同类的东西气味相同，故用以比喻同类的人或事物。

【译文】

雅好山石林木意趣的人，有的用菊花来比喻君子。这种说法是指在一年之末的秋冬时节，当其他花草树木都逐渐衰败的时候，惟有菊花独自光鲜艳丽地茂盛绽放，傲视着风霜寒露，这正如隐逸雅士的高洁情操，虽然孤子一身，周围荒凉寒冷，然而却志趣超然，践行至善至美的大道，不改变自由快乐的操守。《神农本草经》认为菊花是上等的养生修炼身心的药材，能够使人身轻体健，延年益寿。南阳附近的居民由于常年饮用菊潭的水，都能长寿百岁。若让志士在生处的时代有所作为，治理国家，庇护百姓，大概也就像这样子罢了。菊花的品格和君子之道，确实是同类相通的啊！

【点评】

梅、兰、竹、菊四君子之中,菊以淡泊著称。世人多赞赏菊花的凌霜之志,它岁寒不折,傲立风中,独自盛开,展现着俊雅的神姿。这与隐逸之士百折不挠,遗世特立,志节孤高,不改其乐的高尚情操是相应和的,故而自晋陶渊明独爱菊之后,遂得"花中隐士"的称号。然而这只是菊花"出世不折"的一重品格。它还能保健轻身,延年益寿,赈济充饥,其药用价值和食用价值又与奋发有为、济世救民的君子之道相吻合,从而更引发了古代儒家知识分子对菊花的追捧和比附,可谓志趣相投,天赐知音,此乃菊花"积极入世"的另一重品格。

菊花一身而兼具二品的性格历来受到文人墨客的赞颂。在百花争艳的时候,菊花并不浮躁;在众芳凋零的时候,菊花却不消沉,静静开放,"卓为霜下杰"。宋元之际的著名诗人和画家郑思肖曾有名句赞其铮铮傲骨:

花开不并百花丛,独立疏篱趣未穷。

宁可枝头抱香死,何曾吹落北风中。

从此以后,"宁可枝头抱香死"遂成为菊花凌霜不屈精神的最佳写照。不惟如此,菊花养生的功效也较早受到诗人骚客的关注。屈原在《离骚》中有"朝饮木兰之坠露兮,夕餐秋菊之落英"的佳句。到了曹魏时代,曹丕非常喜食菊花养生,他在《与钟繇九日送菊书》中谈到:"故屈平悲冉冉之将老,思餐秋菊之落英,辅体延年,莫斯之贵。请奉一束,以助彭祖之术。"他把菊花看作延年益寿的最佳良药,希望能像屈原那样餐菊防老,像彭祖那样长生不老。

菊花不争芳艳,不媚世俗,恬淡自然,又能惠民济民,这种"出世超然"与"入世积极"的双重品格,将"穷则独善其身,达则兼济天下"的儒家精神诠释得淋漓尽致。其坚贞淡泊,豁达乐观的节操最为中国古代文人士大夫所雅重。因此,与其称为"花中隐士",莫若誉为"儒花"更为贴切也!

月令以动、植志气候①，如桃、桐辈，直云"始华"②，而菊独曰"菊有黄华"，岂以其正色独立，不伍众草③，变词而言之欤④！故名胜之士，未有不爱菊者，至陶渊明尤甚爱之⑤，而菊名益重。又其花时，秋暑始退，岁事既登⑥，天气高明，人情舒闲，骚人饮流，亦以菊为时花⑦，移槛列斛⑧，辇致觞咏间⑨，谓之重九节物。此虽非深知菊者，要亦不可谓不爱菊也⑩。

【注释】

①月令：古代的一种文章体裁，按照十二个月的时令，记述政府的祭祀礼仪、职务、法令、禁令等。此处指《礼记》中《月令》一篇。志：记载，记录。

②始华：华者，花也。《礼记·月令》："仲春之月，……始雨水，桃始华，仓庚鸣，鹰化为鸠。"又"季春之月，……桐始华，……"

③伍：队列，班次。引申为与众杂处的意思。

④欤（yú）：文言助词，表感叹。

⑤陶渊明（365—427）：名潜，字元亮，号五柳先生，卒后亲友私谥靖节，东晋浔阳柴桑（今江西九江）人。东晋末南朝宋初著名文学家，以清新自然的诗文著称于世。因其赏菊爱菊，后世奉之为菊仙。

⑥岁事：多指一年的农事。《尚书·大传》卷五："耰（yōu）锄（chú）已藏，祈乐已入，岁事已毕，余子皆入学。"登：谷物成熟。《礼记·曲礼下》："岁凶，年谷不登。"

⑦时花：应季节而开放的花卉。

⑧槛（jiàn）：栏杆。斛（hú）：我国古代的量器名称，也是容量单位。古代以十斗为一斛，南宋末年给为五斗一斛，两斛为一石。

⑨辇：古代用人拉着走的车子，秦汉以后多指帝王、后妃或王室所乘的车。觞（shāng）：盛满酒的酒杯。

⑩要：概括，总括，大约。

【译文】

《礼记·月令》篇用动植物的生长变化来记载气候变化，像桃花、桐花等，直接说"开始开花"，并没有细述花形和颜色，而唯独对菊花描述为"菊开有黄色花"，这大概是因为它颜色纯正，孑然傲立，不与其他花草杂处生长，所以才变换词汇来记述它吧！因此声名显赫的文人雅士，没有不喜爱菊花的，到陶渊明尤其对菊花喜好有加，而菊花的名望也就越发地被世人看重。又因为菊花开放的时节，恰好秋暑才刚刚退去，全年的农作物已经成熟并收获，天气高远淡明，人们的心情舒适闲逸，诗人墨客饮酒流连，也认为菊花是应季节而开放的花卉，遂移开栏杆准备好美食，乘车到喝酒咏诗的地方，称它是重阳节的节令佳品。这些人虽然称不上是深刻理解菊花的品格，但大概也不能说是不喜爱菊花啊！

【点评】

古人赏菊艺菊完全发自内心对菊花之"爱"，这从儒家经典对菊花开放描述中的特别对待就能体现出来。众所周知，儒家的早期经典大多文辞简约，微言大义，可谓字字珠玑，惜字如金。《礼记》中对众多花卉的记载只不过说"某始华"，而唯独对菊花用了"鞠（菊）有黄华"的特殊记述，这充分体现了当时人们对菊花的喜爱和重视。那么菊花究竟有什么独特之处值得古人钟爱呢？就在于它是"正色""时花"。

中国古代推崇"天人合一"，天气变化、物候更替、生产劳作、修养身心都是紧

翠竹黄花图

密联系在一起的, 讲究人与自然的和谐共生, 因此对外界环境的观察非常仔细, 对节气变迁的掌握极其准确。古人认为阴阳运行, 天地区分, 万物生长。暖热凉寒, 雷雨风雪, 这是天气变迁, 而大地则对应着植物丰茂凋零, 动物生老病死, 人们的生产生活也按照春生、夏长、秋收、冬藏来进行, 如此则春夏秋冬, 四季轮替。春天百花盛开, 夏天绿树浓荫, 冬天白雪皑皑, 唯有到了秋天, 众芳衰败, 庄稼收割, 这才露出大地的黄土本色。而此时黄色菊花的开放, 不仅使古人将黄土与黄菊联系起来, 认为菊花是大地的代言人, 更将黄花看做是大地正色的真实体现。中国古代黄色至尊, 黄色为正, 代表着厚德大地, 这才是"菊有黄华"的深刻文化涵义, 菊之受人尊崇也就不言自明了。

　　爱者既多, 种者日广。吴下老圃, 伺春苗尺许时①, 掇去其颠②, 数日则歧出两枝, 又掇之, 每掇益歧。至秋, 则一干所出, 数百千朵, 婆娑团圞③, 如车盖熏笼矣④。人力勤, 土又膏沃, 花亦为之屡变。顷见东阳人家菊图⑤, 多至七十种。淳熙丙午⑥, 范村所植, 止得三十六种, 悉为谱之。明年, 将益访求它品为后谱云。

【注释】

　　①伺: 守候, 等待。

　　②掇 (duó): 通"剟", 削。颠: 头顶。引申为物的顶端。

　　③团圞 (luán): 聚集、凝聚的样子。

　　④车盖: 古代车上遮雨蔽日的篷子, 形圆如伞, 下有柄。熏笼: 亦称香炉、香熏, 是点燃熏料驱赶蚊虫的器具, 也有的覆盖于火炉上供熏香、烘物和取暖用。

　　⑤东阳: 唐垂拱二年 (686) 分义乌部分地区设置东阳县, 指今浙江东阳。

　　⑥淳熙丙午: 即公元1186年。淳熙, 南宋孝宗皇帝的第三个年号。宋孝宗赵眘 (shèn) 在位16年 (1174—1189) 先后用过隆兴、乾道和淳熙三个年号。丙午, 干支纪年

中的一个循环的第43年称"丙午年"。

【译文】

喜爱菊花的人多了，菊花的种植也就随之日益扩大了。苏州地区世代以种植园圃为业的人，等到春天菊花的幼苗长有一尺多高的时候，就摘去它的顶梢部位，几天之后菊苗就会分出两条侧枝，接着再次摘掉新枝的顶梢，如此反复，每次摘梢过后都会有更多的侧枝分蘖出来。到了秋季，从同一株主干分叉出来的侧枝能开出许多的花朵，它们盘旋满枝，花团锦簇，就像车盖和熏笼一样呈伞状茂盛开放。花匠勤劳舍得出力，土壤又肥沃，菊花也因此不断出现新的变种。我曾见过东阳人家的菊花图，里面收录多达七十个品种的菊花。淳熙丙午年（1186），范村所种植的菊花，只得到三十六种，都把它们编排记录下来。明年，我将多寻访些其他品种的菊花，再接续谱录吧。

【点评】

清代著名文学家蒲松龄曾经说过："我昔爱菊成菊癖，佳种不惮（dàn）求千里"。他已经爱菊达到了痴迷成癖的程度了，只要听说哪里有好的菊花品种，即便是在千里之外，他也决不害怕路途遥远，要想尽办法获得菊之佳品。爱菊、赏菊、养菊、品菊、艺菊，这中间贯穿了人与自然的深厚感情。最初喜好菊花的外形，然后学会仔细欣赏菊花之美，接

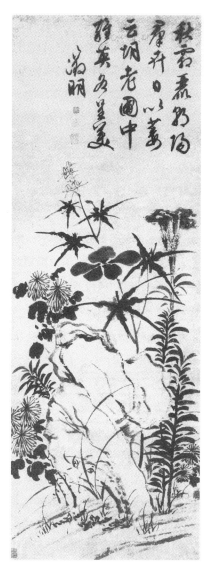

秋花图

下来就要自己亲自动手养菊花，随之就会多方搜求不同的菊花品种，最终达到养菊的最高境界——艺菊，将菊花的生长与自己的内心修养合而为一。因此，中国文化中有一种很重要的现象就是将人内心的情感和思想外化到外部世界去，当寻找到某一寄托之后，就完成了人格化的映射过程，实现了"自我"与"他我"的对照，从而认识了人之本身。赏菊、品菊、艺菊正是这样一种镜像过程的最完美体现。

千百年来，人们通过分苗、扦插、嫁接、摘心、浇水、施肥、裱扎、整形修剪、花期管理、病虫害防治、冬储等多项技术，培育出了将近三万余种菊花，可谓品类繁多，洋洋大观矣。我国栽培菊花已经有三千余年历史了，今天所能见到的详细记载菊花品种的菊谱是从宋代开始大量出现的。最早的菊谱是成书于北宋崇宁三年（1104）刘蒙的《刘氏菊谱》，记有26个菊花品种。后来又有范成大的《范村菊谱》，史正志的《史氏菊谱》，再到史铸的《百菊集谱》，已收录131个菊花品种。明代的菊花栽培技术进一步提高，黄省曾、马伯州、周履靖、高濂等人都著有菊花专著。在黄省曾的《菊谱》中，菊花品种扩大到了220个。明代王象晋的《群芳谱》是一部植物栽培学的集大成之作，收录菊花6大类共271个品种。到了清代艺菊技术达到高峰，涌现了大量菊谱专著，如许兆熊《东篱中正》、陆延灿《艺菊志》、闵延楷《养菊法》、徐京《艺菊十三则》、顾禄《艺菊须知》、计楠《菊说》、陈葆善《艺菊琐言》、吴仪一《徐园秋花谱》等等。如果再把各种植物总谱、药用方剂、咏菊诗赋、写菊画谱等综合起来，那么我国古代菊花文献真可谓汗牛充栋，浩如烟海。有志者若编纂一部"中国古代菊花文献集成"，将是对我国菊花文化的一大贡献。

早在隋唐时期，菊花就已经传到朝鲜、日本等东亚其他地区，甚至还成为日本皇室的象征。明末清初，原产中国的美丽菊花经由荷兰商人引种到欧洲，后经辗转种植，时至今日遍布全球各地，成为各国人民共同喜爱的著名花卉。

黄　花

胜金黄。一名大金黄。菊以黄为正,此品最为丰缛而加轻盈①。花叶微尖,但条梗纤弱②,难得团簇。作大本③,须留意扶植乃成。

【注释】

①丰缛(rù):形容草木丰盛繁茂。缛,繁多,繁琐。轻盈:轻柔秀丽。

②梗:植物的枝或茎。

③本:多用于指植物的根部,这里应该指菊花的枝干部位。《说文解字·木部》段玉裁注:"干,一曰本也。"

【译文】

胜金黄,也被称为大金黄。菊花以黄颜色为正宗,这个品种的菊花长势最茂盛,而且轻柔飘逸。花瓣微尖,只是枝干纤细而柔弱,很难团簇起来。如若培育大的植株,必须仔细留意,悉心扶植才能够成活。

【点评】

古人赏菊品菊必先从"定品"开始,也就是要设定标准对菊花进行分类,确定品质优劣。那么古人对菊花进行"定品"的通行标准是什么呢?

北宋刘蒙《刘氏菊谱》中记载:"或问'菊奚先'?曰:'先色与香,而后态。'"有人问赏菊从何入手?刘蒙回答先从正花色入手,其次辨香味,第三观花形。接着又有人问"然则色奚先"?刘蒙说:"黄者中之色。"那么正花色又以哪种颜色为第一呢?他明确地回答"黄色第一",理由是"土王季月而菊以九月花,金土之应,相生而相得者也"。土王是指立春、立夏、立秋、立冬之后的十八天,一年有四次,而秋季土王之时,菊花开放了。土王又指"土旺",木、火、土、金、水五行之中,土生金,故曰相生。秋季在五行观念中属金,土生金而菊花开,古人遂认为菊花是土金相生相得的产生,因此以土之黄色为菊花正色。关于此点,前

菊石鸣禽图

文已经论及，兹不赘述。总之，古人将黄土、黄色、菊花三者用文化观念紧密联系起来。

不惟如此，古人进一步推演，认为菊属土，土为地，天乾地坤，天为阳，地为阴，那么菊花也就属阴，于是菊、坤、阴三者又联系在一起。因此周代王后有六种礼服，其中一种就叫"鞠衣"。鞠即菊，为什么要取菊花的颜色为王后礼服的颜色呢？因为菊应土之验，菊"华于阴中，其色正应阴之盛"，而君王为阳，王后属阴，所以王后的"鞠衣"就采取菊之黄色了。再到后来，丧事之中多用菊花来烘托气氛，也正是出于"菊为至阴"之义。

综上所述，也就不难理解，为什么范成大《菊谱》乃至其他菊谱都以"黄花"为菊花第一等品类了。

叠金黄。一名明州黄①，又名小金黄。花心极小，叠叶秾密②，状如笑靥③。花有富贵气，开早。

【注释】

①明州：唐开元二十六年（738）设置，指今浙江宁波地区。

②秾（nóng）：花木茂盛的样子。

③笑靥（yè）：指笑脸。靥，酒窝。

【译文】

叠金黄，又叫明州黄，也被称为小金黄。花心极小，花瓣交叠茂密，形状像笑脸一般。花朵有富丽华贵的气息，开得较早。

【点评】

宋代史正志《史氏菊谱》中记录小金黄："心微红，花瓣鹅黄，叶翠，大如众花。"因为它的花心微红，不是全黄，颜色不如大金黄纯正，故而得名小金黄。史铸《百菊集谱》中说，小金黄刚刚开花的时候，花瓣"鳞鳞六层而细，态度秀丽"，"鳞鳞六层"表明它的花瓣重重叠叠，所以又有"叠金黄"之名。又过几天，先前参差错落的花瓣逐渐长得一样整齐，显得更加茂密，与花初开时的情形迥异。这种变化自然逃不脱赏菊者的慧眼，范成大便以笑脸绽放为喻，更能让观者体会小金黄的神态之美。金黄的花瓣层层叠叠，再衬以微红的花心，一种雍容华贵之气自然流露出来。

范成大又云叠金黄还叫明州黄，然而史正志却记载："金铃菊，心微青红，花瓣鹅黄色，叶小。又云明州黄。"他将金铃菊又称为明州黄。从他的描述中可以看出，《史氏菊谱》中的明州黄当即《范村菊谱》中的小金黄，亦即叠金黄。通过后文《范村菊谱》中所述金铃菊可知，金铃菊与明州黄是截然不同的两个品种，想必是史正志记载有误，亦或随着时代变迁，人们对菊花品种的称呼发生变化所致。

棣棠菊。一名金锤子①。花纤秾②，酷似棣棠③。色深如赤金，它花色皆不及，盖奇品也。窠株不甚高④。金陵最多⑤。

【注释】

①锤（chuí）：铁锤，击打之用。宋刻《百川学海》本《菊谱》作"鎚"，"餬（duī）"即饼也；宛委山堂《说郛》本《菊谱》作"锤"。从花形来看，应从"锤"。

②纤秾：纤细和丰腴，盛美貌。南宋辛弃疾《江神子·和人韵》："梅梅柳柳斗纤秾。

竹石菊图

乱山中，为谁容？"

②棣（dì）棠：蔷薇科落叶灌木，枝条终年绿色，花金黄色，花期五到六月，果期七到八月。喜欢温暖的气候，耐寒性不强。

③窠（kē）：同"棵"。

④金陵：战国时期楚威王七年（前333），楚灭越国，在其地设置金陵邑，在今江苏南京的清凉山，后来金陵就成为南京的别称。

【译文】

棣棠菊，又叫金鎚子。花瓣纤细而丰满，特别像棣棠花，颜色很深如赤金色一般，其它品种菊花的颜色都赶不上它，真是稀奇的品种啊，植株不是很高，在金陵地区生长的最多。

【点评】

据刘蒙《刘氏菊谱》记载，棣棠菊原产自西京洛阳，在农历九月末开花。花色深黄，多层花瓣，每片花瓣上带有双纹。众多花瓣自内而外，长短相间，参差错落，与棣棠花非常相似。一般说来，黄花菊都是小花冠，都胜菊、御爱菊算是黄菊中稍大的了，然而他们的颜色又偏浅黄。黄菊中个头最大的是大金铃菊，只不过它的花是单层花瓣，稀疏浅薄，也不美观。相比之下，只有棣棠菊花的颜色深黄，花瓣繁多，花冠又较其他黄菊偏大，一枝开有十余朵，再衬以青绿的枝叶，花黄叶绿，鲜明醒目，非常漂亮，可称得上是菊中佳品。

北宋文人陈师道曾经作《南乡子·咏棣棠菊》词一首：

乱蕊压枝繁，堆积金钱闹做团。晚起涂黄仍带酒，看看，衣剩腰肢故著单。

薄瘦却禁寒，牵引人心不放阑。拟折一枝遮老眼，难难，蝶横蜂争只倚栏。

词的一开始便形象生动地描绘出棣棠菊开放时繁盛、热烈的景象，如同堆在一起的金钱，打闹成一团。这和范谱中描绘的"纤秾"二字相得益彰。"晚起涂黄仍带酒"一句用拟人化的笔法描述了棣棠菊深黄的颜色中又透露出一点红色，仿佛喝酒后脸红一般，亦即范成大所云颜色"赤金"。上阕最后一句"衣剩腰肢故著单"形容棣棠菊枝叶比较单薄、清瘦的外形特点。原词的末尾附有作者的补注"菊色微赤而叶单"，更加深了我们对棣棠菊认识，补充了诸菊谱记述的不足。

叠罗黄。状如小金黄。花叶尖瘦，如剪罗縠①，三两花自作一高枝出丛上，意度潇洒。

【注释】

①罗縠（hú）：一种疏细的丝织品。东汉赵晔《吴越春秋·勾践阴谋外传》："饰以罗縠，教以容步。"縠，有皱纹的纱。

【译文】

叠罗黄，形状像小金黄。花瓣尖细瘦薄，像是用罗縠裁剪出来似的，三两朵花却开于一株高枝，露出在花丛之上，气度清高脱俗。

【点评】

史正志《史氏菊谱》中说："佛头菊，无心，中边亦同。小佛头菊，同上，微小。又云叠罗黄。"然而佛头菊和小佛头菊的形态与范谱中的叠罗黄有较大差别，不知孰是孰非。清代《四库全书总目提要》在解题范成大的《菊谱》时说："今以此谱与史正志谱相核，其异同已十之五六，则菊之不能以谱尽，大概可睹。但各据耳目所及，以记一时之名品，正不必以挂漏为嫌矣。"这说明范成大的菊谱与史正志的菊谱已经存在较大差异了，二者都是根据耳目所及，记载某一时期的菊花品种，加之"菊之种类至繁，其形色幻化不一"，出现记载龃龉之处，也是可以理解的。不仅史、范二谱如此，其他诸家菊谱也都存在这个问题，"不能尽信书"，这是今人阅读古代菊花文献时需要注意的一个问题。

麝香黄①。花心丰腴，傍短叶密承之②。格极高胜。亦有白者，大略似白佛顶③，而胜之远甚。吴中比年始有④。

【注释】

①麝（shè）：兽名。似鹿而小，无角，灰褐色，腹下有香腺。麝香，雄麝腹部香腺的分泌物，干燥后呈颗粒状或块状，香味强烈，为贵重香料，亦可入药。

②傍（páng）：同"旁"，侧，旁边。

③白佛顶：佛顶菊，又名"佛头菊"，黄心白花。

④比年：近年。

【译文】

麝香黄，花心丰满肥大，旁边短短的花瓣密密麻麻的簇拥着它。风度极其高远优美。也有开白色花的，大概类似于白色佛顶菊，然而却比它优美得多。苏州地区近年才开始有这一品种。

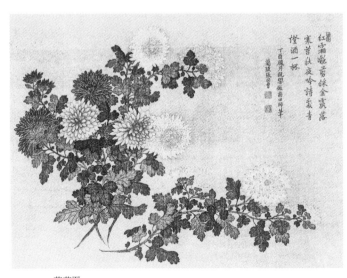

菊花图

【点评】

在《刘氏菊谱》中，麝香黄并未被列入三十五种正品之中，刘蒙只是在谱后"杂记"中提到了这个品种。他说："余闻有麝香菊者，黄花，千叶，以香得名。"他已经听说过这种菊花了，开黄色花，多层花瓣，尤其以香味闻名天下。那么他为什么不把麝香黄列入菊谱之中呢？主要原因就在于他没有亲眼见识过此花。刘蒙是在河南洛阳写就《菊谱》的，当时刘元孙（字伯绍）隐居于洛阳伊水之畔，喜好种植各种菊花，很想整理一部《菊谱》，但却没有余暇时间。宋徽宗崇宁三年（1104）九月，刘蒙游历至洛阳，居于刘元孙家，两人遂讨论订正，写成了《菊谱》。刘蒙以"麝香菊，则又出阳翟，洛人实未之见"为由，担心是"传闻附会"，毕竟没有亲眼所见，故而没有将麝香黄收入《菊谱》之中。从中可知，麝香菊原产自河南阳翟，即今河南禹州市。禹州距离洛阳并不算遥远，但洛阳刘宅中却没有种植，说明此花当时还是非常稀有的。刘蒙在其《菊谱》中还提到过黄色菊花会转白，或者白色菊花会转淡黄的现象，麝香黄菊黄白不同的花色，或许正是这种菊花变色现象的一个实例。

千叶小金钱。略似明州黄①。花叶中外叠叠整齐，心甚大。

【注释】

①明州黄：黄菊之一种，又叫"叠金黄"。

【译文】

千叶小金钱，和明州黄略有相似。花瓣内外层层交叠，缘口整齐，花心很大。

【点评】

《刘氏菊谱》中记有金钱菊，应与千叶小金钱是同一类。刘蒙记载说，金钱菊"出西京，开以九月末。深黄双纹重叶，似大金菊。而花形圆齐，颇类滴漏花（栏槛处处有，亦名滴滴金，一名金漏子）。人未识者，或以为棠棣菊，或以为大金铃。但以花叶辨之，乃可见尔"。金钱菊由西京洛阳花匠培育而成，农历九月末开放，花色深黄，花瓣上有双纹并且是重瓣，圆形

梅兰竹菊谱

菊石图

花冠，外缘整齐，这是它的最显著特征。不能识别这种菊花的人往往误把它当成棠棣菊或大金铃菊，实际上，只要依据双纹重瓣，很容易就能将他们区分开来。

为了便于赏菊，我们不妨先来了解一下菊花的花型构造。通常人们所看到的菊花花型比较特殊，并非日常所说的一朵花，而是由许多的舌状花和筒状花按一定的次序生长聚簇成的头状花序，它由花序梗、花序轴、花苞、舌状花和筒状花等几部分组成。花序轴是花序梗顶端膨大的部分，平展呈盘状或突起呈球状，称为托盘，是花苞和小花着生的地方。筒状花着生于托盘的中间，习惯称为"花心"，花冠聚合成筒状。舌状花着生在托盘边缘，俗称"花瓣"，形态各异，变化较大，常见的有平瓣、管瓣、匙瓣、畸瓣等，是现代菊花分类的标准之一。同一菊花的筒状花和舌状花生长时常会互为消长，即筒状花生长发达时，舌状花便逐步退化；舌状花生长发达，筒状花就较少，甚至全部退化。菊花花型的千变万化，主要就是因为小花的不断演变，导致花序形态的花样翻新。

太真黄①。花如小金钱，加鲜明。

【注释】

①太真：一说为道教传说中的太真夫人，而杨贵妃初见唐玄宗时，衣道士服，亦号"太真"。另一说道家称黄金为太真。此处当从后者。

【译文】

太真黄，花朵和小金钱菊相似，颜色更加鲜艳明丽。

单叶小金钱。花心尤大，开最早，重阳前已烂熳①。

【注释】

①重阳：农历九月初九日。因为《周易》中把数字"九"定为阳数，九月九日，两九相重，故而叫"重阳"，也叫"重九"。这一天是中国传统佳节，以敬老、登高、赏菊为主要活动。烂熳（màn）：色彩艳丽。

【译文】

单叶小金钱菊，花心特别大，开花时间最早，重阳节之前就已经艳丽焕发了。

【点评】

重阳节这天赏菊、饮菊花酒在中国已经有悠久的历史了。早在先秦时期，我国先民就有在九月九日这一天祭告天帝和祖先的习俗。到了汉代，据《西京杂记》记载："九月九日，佩茱萸，食蓬饵，饮菊花酒，云令人长寿。"此时九月九日已经有了乞寿的内涵，饮菊花酒也成为一项主要活动内容。那么菊花酒是如何酿制的呢？《西京杂记》上说："菊花舒时，并采茎叶，杂黍为酿之。至来年九月九日始熟，就饮焉，故谓之菊花酒。"到了三国时期，重阳、重九等叫法才正式出现。此后，重阳节日渐受到全社会的重视，登高、赏菊、乞寿、敬老、插茱萸辟邪、饮菊花酒、食重阳糕等形式越来越多样，文化内涵也越来越丰富。

从北宋开始，全社会掀起了赏菊艺菊的热潮，重阳节这一天更是盛况空前，东京汴梁和西京洛阳完全成为菊花的海洋。孟元老在《东京梦华录》卷八中谈到："九月重阳，都下赏菊，有数种。其黄、白色蕊者莲房曰'万龄菊'，粉红色曰'桃花菊'，白而檀心曰'木香菊'，黄色而圆者'金龄菊'，纯白而大者曰'喜容菊'。无处无之。""无处无之"这四个字尽道当时开封城内的菊花盛况。时至今日，每到秋季，河南开封仍然家家争养菊，处处飘菊香，"满城尽带黄金甲"，中华菊文化得到发扬光大。

进入明代，社会上的赏菊之热出现第二次高潮。明代文学家张岱在《陶庵梦忆》记述了当时社会上层赏菊的气度，他举了一个例子：山东兖州的士绅大家竟然能够与同处一城的明朝藩王鲁王在赏菊方面一争高下，其实力雄厚令人咋舌。在重阳"赏菊之日，其桌、其炕、其灯、其炉、其盘、其盒、其盆盘、其看器、其杯盘大觥、其壶、其帏、其褥、其酒；其面食、其衣服花样，无不菊者。夜烧烛照之，蒸蒸烘染，较日色更浮出数层。"这一家的日常衣食服用全部都以菊花为内容，而且晚间举烛赏菊，比白天的色彩更加绚丽，别具一格。

垂丝菊。花蕊深黄，茎极柔细，随风动摇，如垂丝海棠①。

【注释】

①海棠：落叶小乔木，叶子卵形或椭圆形，花白色或淡粉色。垂丝海棠是我国特有的海棠品种，南宋诗人杨万里有题咏，明代《群芳谱》中也有收录。垂丝海棠的花梗细长，花朵丝丝下垂，风姿楚楚，娇美动人，主要分布在今天四川、贵州、云南等地。

【译文】

垂丝菊，花蕊深黄色，枝干极其柔软细嫩，随风摇曳，像垂丝海棠一样，垂英袅袅动人。

【点评】

古代文献上关系垂丝菊的记载并不多，只有刘蒙《刘氏菊谱》中有关于"垂丝粉红"的记载。范成大的垂丝菊属于黄花菊，而刘蒙的垂丝粉红属于杂色菊，两者虽然并不属于同一品类，但都得名"垂丝"，肯定外形有相近或相似的地方，所以，不妨通过垂丝粉红来大体了解一下垂丝菊的外形和神态。

刘蒙《菊谱》中记载说："垂丝粉红，出西京，九月中开。千叶，叶细如茸，攒聚相次，而花下亦无托叶。人以垂丝目之者，盖以枝干纤弱故也。"这种菊花原产于当时的西京洛阳，农历九月中旬开放，多层花序，花瓣纤细像茸毛一样，有次序的攒聚在一起。垂丝粉红菊的花瓣虽然纤细，但并不柔长，不会有垂丝之态。真正使它博得垂丝令名的是其枝干。垂丝粉红的花盘下方是光秃秃的纤弱枝干，并没有繁茂的绿叶衬托，这样一来柔细的枝干随风摇曳，才显露出垂丝袅袅的醉人神态。想必垂丝菊也不是以花来得名，而是以枝干纤细见胜的。

鸳鸯菊①。花常相偶②，叶深碧。

【注释】

①鸳鸯（yuān yāng）：鸟，像野鸭，体形较小，嘴扁，颈长，趾间有蹼，善游泳，翼长，能飞。雄鸟有彩色羽毛，雌鸟苍褐色，多雌雄成对生活在水边。

②偶：对偶，成对。

【译文】

鸳鸯菊，花朵常常成对开放，叶子呈现深深的青绿色。

【点评】

范成大《菊谱》中记载的

雪菊图

鸳鸯菊属于黄花菊的一种,与现代的鸳鸯菊颇不相同。两宋时期的鸳鸯菊是一种经常成对开放的黄花菊,而现代的鸳鸯菊则是一朵花头具有两种颜色的菊花,二者虽然名同,实则泾渭分明。范成大记载的鸳鸯菊,在宋元时期的诗词和笔记中偶有出现,通过文献资料还能依稀见其身影。

南宋词人杨冠卿(1138—?)在《柳梢青·前调(咏鸳鸯菊)》词中说:"金蕊飘残。江城秋晚,月冷霜寒。一种幽芳,雕冰镂玉,舞凤翔鸾。悠然静对南山。笑琼沼、鸳飞翠澜。小玉惊呼,太真娇困,俯槛慵看。"其中"太真"指唐代杨贵妃,"小玉"是杨贵妃的侍女,似可比作双花并蒂开放。而"金蕊"、"太真"又都是黄花的典型特征。不过,杨冠卿还特别交待题咏的鸳鸯菊"双心而白,晚秋始开",指出鸳鸯菊开在深秋,也可能是白色鸳鸯菊,难于分辨。但至少有一点是可以肯定的,那就是鸳鸯菊开的是同色花。南宋另一词人张炎在《瑶台聚八仙·咏鸳鸯菊》中也说:"白头共开笑口,看试妆满插,云髻双丫。蝶也休愁,不是旧日疏葩。连枝愿为比翼,问因甚寒城独自花。"词中"双丫"又称"双螺髻",是宋代少女中非常流行的发型。用"云髻双丫"来比拟鸳鸯菊是非常贴切的,"连枝"、"比翼"二词也揭示出了鸳鸯菊的外形,决非一花异色之态。到了元代,词曲家袁易在《高阳台·鸳鸯菊》中称赞鸳鸯菊"名字风流",并以"金英浓露才收"一语,点出了鸳鸯菊的黄色和开在深秋的习性。综上可知,鸳鸯菊在古代是一种成对开放的菊花,颜色以黄色居多,也可能存在白色变种,但绝非杂色菊花。

金铃菊。一名荔枝菊。举体千叶细瓣①,簇成小球,如小荔枝。枝条长茂,可以揽结②。江东人喜种之③,有结为浮图楼阁高丈余者④。余顷北使过栾城⑤,其地多菊,家家以盆盎遮门⑥,悉为鸾凤亭台之状⑦,即此一种。

【注释】

①举：全，皆。

②揽结：犹捃取，采摘牵拿过来。

③江东：又称江左，指今安徽芜湖、江苏南京之间长江河段以东地区。

④浮图：佛、佛陀的意思，也作"浮屠"；又指佛塔。这里指佛塔造型。

⑤北使：指南宋乾道六年（1170），范成大受命出使金国之事。他作为"祈请使"出使金国的目的有二：一是向金求请赵宋皇室陵墓所在的河南巩、洛之地，二是重议宋金两国交换国书的礼仪。为完成外交使命，范成大慷慨抗节，不畏强暴，几近被杀，最终以不辱使命而归。栾城：东汉始设，北魏太和十一年（487）重设，宋代属真定府，指今河北栾城。

⑥盎（àng）：瓦器，大腹小口。

⑦悉：尽，全。鸾（luán）：鸾鸟，凤类鸟名。

【译文】

金铃菊，又名荔枝菊。通体多层花瓣，每瓣纤细，团聚成小球状，像小荔枝似的。枝条修长茂盛，可以采摘束索。江东地区的人们喜欢种植它，有的将它盘结成宝塔楼阁的形状，能高达一丈多。我不久前出使北面的金国，途经栾城地方，那里种植着很多菊花，家家户户都用瓦盆瓦盎栽培以至遮住了门楣，全都是鸾凤亭台的造型，他们所养的就是这一种菊花。

【点评】

《百菊集谱》中记载，金铃菊花头很小，像圆形的铃铛，颜色深黄。它的枝干柔韧，可以长得齐人多高，适于造型。金铃菊的叶片很奇特，明王象晋《群芳谱》记载："凡菊叶皆五出，此叶独尖长七出，花与叶层层相间，不独生于枝头。"一般的菊花叶都是五个小瓣，而金铃菊叶却是七个小瓣。它的花也不是只生在枝头，而是与叶相间生长，加之枝条柔长，这些习性成为金铃菊易于造型的基础。

金铃菊通过支架攀撑或者人工盘结可以呈现多种造型，尤以树塔型居多，所以又被称为

梅兰竹菊谱

菊石图

"塔子菊"。《百菊集谱》有诗这样形容用金铃菊蟠结而成的形态：

塔子菊

金彩煌煌般若花，高蟠层级巧堪夸。

更添佛顶周遭种，成此良缘胜聚沙。

诗中的"佛顶"是指佛顶菊，"聚沙"即"佛塔"的意思。高大的金铃菊层层蟠结成宝塔浮图，周围再配以佛顶菊，二者构成一幅庄严华贵的菊花佛国景观。正因为金铃菊常常被造型为佛塔，故而它又有"般若（bō ruò，智慧）花"的美名。

两宋之际文学家孟元老在《东京梦华录》中说："黄色而圆者曰金铃菊"，分布非常广泛，"无处无之"，许多酒家还把菊花绑成"洞户"，即用金铃菊等菊花来装点门面，借以招徕顾客。

金铃菊不仅具有装饰和美化环境的价值，还具有一定药用价值。《百草镜》记载："采花干之作枕，除头风、目疾、内热、洗风火眼，止热泻；捣罨（yǎn，网敷）一切肿毒、诸虫咬螫（shì，蜇），有效。"把金铃菊晒干，然后装填制成菊花枕，轻便美观，可以治疗头疾和眼疾，真是佳惠人间啊。

　　毬子菊。如金铃而差小①。二种相去不远，其大小名字，出于栽培肥瘠之别。

【注释】

①差：副词。比较，略微。

【译文】

　　毬子菊,花像金铃菊而略微小些。这两个品种差别不大,花朵的大小和名字的差异是由于栽培土壤肥沃与贫瘠的不同而造成的。

【点评】

　　毬子菊也称为球子菊,其最初原产地史上并无明文记载。这种菊花在每年农历九月中旬开放,颜色深黄,多层花瓣。毬子菊的花瓣尖毫细小,密密匝匝,但繁而不乱,花序清晰,非常有层次感。毬子菊的花量很大,往往一根枝干的末梢聚生着百余朵花苞,每个花苞都像一个饱实的小圆球。由于花朵数量繁多,所以《刘氏菊谱》中称:"如球子菊,则恨花繁。"以拟人口吻指出其过繁过密的瑕疵。

　　在所有黄颜色菊花的品种中,毬子菊的花是最小的。虽然它的花盘较小,但衬以青枝绿叶,更加兀显深黄鲜明,可谓相遇成趣。《百菊集谱》中对球子菊是这样描绘的:

球子菊

团圞秋卉出篱东,惹露凌霜衮衮中。

疑是花神抛未过,更教辗转向西风。

　　作者想像球子菊可能是花神抛撒花种时还未展开的结果,遂呈球形。圆溜溜的球子菊傲立凌霜,迎战西风,它小而不微,直面严寒,滚圆之中自有筋骨存在,恐怕是花神有意为之吧。

　　小金铃。一名夏菊花。如金铃而极小,无大本[1]。夏中开。

【注释】

　　①本:本义指植物的根部,这里应该指菊花的枝干部位。

【译文】

　　小金铃,又名夏菊花,和金铃菊相似,但花朵很小。它没有粗壮的枝干。夏季中段开花。

梅兰竹菊谱

唐寅《东篱赏菊图》

【点评】

刘蒙《刘氏菊谱》中称小金铃菊为"夏金铃"，最初生长在西京洛阳，农历六月夏中时节开花，颜色深黄，多层花瓣。小金铃菊"花头瘦小，不甚鲜茂"，并不美观大方，刘蒙认为这是"生非其时"的缘故。为什么这样说呢？因为根据自然花期分类，菊花可以分为四种：一是秋菊，自然花期为公历10月至11月，这一类品种最多，按照开花先后又可以分为早秋菊、中秋菊、晚秋菊三类，分别在10月中下旬，11月上旬和11月中下旬开放；二是寒菊，花期最晚，12月下旬至来年2月下旬之间开放；三是夏菊，开花期在4月下旬至9月；最后一类是四季菊，一年之中只要温度适宜都会开放。

中国传统文化认为菊花与秋季节气相对应，故而以秋菊花期为正，即以公历10月至11月开放的菊花为尊正，除此之外其他时间开放的菊花都是"失其正"，品位不尊。言下之意就是指斥那些"失其正"的菊花"该开花时不开花，不该开花时乱开花"，扰乱了大自然的运行秩序。正因为有这种文化认识上的先入为主，有人就指出小金铃菊不应该列入《菊谱》上品之中。刘蒙则解释说，之所以将夏金铃列入上品，是因为它的香味和色彩均符合上品菊花的标准。而夏金铃"生非其时"，恰恰是大自然运行的结果。刘蒙最后直接将夏金铃与君子道德相比附，他说仅凭"生非其时"这一点，即使不论夏金铃的香味与色彩，它也足以位列菊之上品，因为它折射了多么高贵的道德品质啊？

藤菊。花密，条柔，以长如藤蔓①，可编作屏障，亦名棚菊。种之坡上，则垂下袅数尺如缨络②，尤宜池潭之濑③。

【注释】

①藤：植物名，蔓生，有紫藤、白藤等多种。蔓：草名。藤蔓泛指蔓生植物的匍匐茎和攀援茎。

②袅(niǎo)：草木柔弱细长的样子。缨络：同"璎珞(yīng luò)"，古代用珠玉串

甘谷菊泉图

梅兰竹菊谱

成的装饰品，多用为颈饰。

③濒（bīn）：靠近，临近。

【译文】

藤菊，花瓣密密层层，枝条柔韧，因植株修长像藤蔓一样，可用来编织成屏风和围障，也叫作棚菊。种植在坡面上，则会垂下几尺长的条索，绵长柔美犹如璎珞一般，尤其适于在池塘和水潭的岸边生长。

【点评】

范成大把藤菊枝条妩媚下垂，婀娜多姿的样子比作璎珞，可谓恰如其分。璎珞本是由珠玉和珠花串成的饰品，象征着佩戴者的身份和地位。据佛经里面说，在净土和北俱卢洲均可见到树上垂挂着璎珞。因此佛教传入中国后，璎珞频频出现在佛教造像的衣饰上。观世音菩萨的各种法相中常能见到五彩缤纷，动感极强的璎珞造型。由此不难想到《百菊集谱》中收录有一种"观音菊"，它的外形与藤菊极为相似，也是枝条柔韧，飘洒垂悬，有诗为证：

观音菊

霞幢森列引薰风，高出疏篱紫满丛。

翠叶织织如细柳，直宜插向净瓶中。

"霞幢森列"、"翠叶织织"都道出了藤菊攀援支蔓，垂摆柔拂的特征。只是有一点两者相区别，藤菊花属于黄花，而观音菊花似应是紫花。另外，康熙《御定广群芳谱》中说观音菊就是黄佛顶，形态与藤菊差之更远。无论如何，看来它们还是分属两种不同的品种，我们只能通过观音菊来窥测藤菊的神态了。

十样菊。一本开花，形模各异，或多叶，或单叶，或大，或小，或如金铃。往往有六七色，以成数通名之曰十样①。衢、严间花黄②，杭之属邑有白者。

【注释】

①成数：即整数。

②衢（qú）：衢州，唐武德四年（621）设置，今浙江衢州。严：严州，北宋宣和三年（1121）改睦州为严州，南宋末改为建德府，指今浙江建德、淳安、桐庐等地。

【译文】

十样菊，同一枝干开出的花，形状模样各有不同，有的多层花瓣，有的单层花瓣，有的花盘大，有的花盘小，也有的像金铃菊。往往同株有六七种颜色，一般以整数通称为"十样"。衢州、严州一带的十样菊花是黄色的，而杭州下属地区有开白色花的。

【点评】

史正志《史氏菊谱》记载说十样菊"黄白杂样，亦有微紫，花头小"。将它列在黄菊、白菊之后的"杂色红紫"类，而范成大却将其列于黄菊类，由此看来，对其进行如何分类，各家是有不同标准的。

十样菊难于分类的原因就是同株异形异色。史铸《百菊集谱》中录有一首诗生动贴切地描绘了十样菊的这一特色：

十样菊

霜蕊多般同一本，天教成数殿秋荣。

从来蛱蝶偷香惯，偷遍无过一便清。

诗中赞叹十样菊同一植株却长出多姿多彩的不同花朵，这全是大自然神功造化的结果，最终使得十样菊夺得秋天花木荣光的魁首。十样菊五颜六色的身段也吸引了蝴蝶前来光顾采香，蝶儿们还按照老习惯采完一朵再采另一朵，可是飞到十样菊这里，它们眼花缭乱，分不清哪朵采过，哪朵未采过，即使全部采完，也没有一次是头脑清醒的。诗句巧妙得以拟人手法，站在蝴蝶的角度来展现十样菊同株异形异色的风姿，勾画出一幅生机盎然，意趣横生的秋天美景图。

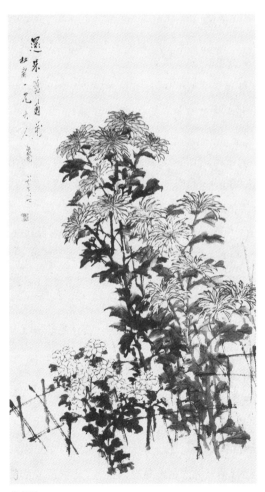

菊花图

甘菊。一名家菊。人家种以供蔬茹①。凡菊叶，皆深绿而厚，味极苦，或有毛。惟此叶淡绿柔莹，味微甘，咀嚼香味俱胜。撷以作羹及泛茶②，极有风致。天随子所赋③，即此种。花差胜野菊，甚美，本不系花。

【注释】

①茹（rú）：蔬菜的总称。

②撷（xié）：采摘，摘取。

③天随子：即陆龟蒙（？—881），字鲁望，苏州人。自号"天随子"，唐末文学家和农学家，有《甫里先生文集》存世。陆龟蒙嗜茶，曾在浙江长兴顾渚山下开辟茶园，写过《茶书》一篇，可惜已失传。其所作《和茶具十咏》保留了下来，"十咏"包括茶坞、茶人、茶舍、茶灶、煮茶等10项，有的为陆羽《茶经》中所不见。

【译文】

甘菊，又称家菊，世人有种植来作为蔬菜食用的。但凡菊花的叶子，大都是深绿色并且叶面肥厚，味道极苦，有的还长有绒毛。只有这种菊花的叶子呈现淡绿色，表面柔和光洁，味道微微甘甜，放在嘴里咀嚼时香气和味道都很好，采摘用来做羹和泡茶，别有一番风味雅致。天随子陆龟蒙的诗文中所吟诵的就是这个品种。甘菊的花稍好于野菊花，非常淡美，主干短小不生花苞。

【点评】

刘蒙在《刘氏菊谱》中指出，甘菊原本生长在"雍州川泽"，也就是在陕西关中平原以西至甘肃陇东地区，大体喜近水生长。甘菊在农历九月开放，史正志在《史氏菊谱》中说其花颜色深黄，花朵比棣棠菊的小很多。甘菊花近似于野菊花，也是单层花瓣，并不绚丽多姿，而且分布非常广泛，因此闾巷间的平民百姓都能识别它。

甘菊的另一显著特征就是叶子与他菊不同。它的叶子稍薄淡绿，柔和光洁，没有绒毛，从观感上首先令人赏心悦目。味道又甘美有香气，适于泡茶，说明从味觉上又能令人心旷神怡，故而受到文人的诗歌赞颂，甚至有人种植甘菊来当作蔬菜食用。北宋诗人王禹偁（954—1001，偁音称）曾吃过一种"甘菊凉面"，吃罢赞不绝口，即兴赋诗一首《甘菊冷淘》：

> 经年厌粱肉，颇觉道气浑。
>
> 孟春奉斋戒，敕厨唯素飧（sūn，晚饭）。
>
> 淮南地甚暖，甘菊生篱根。
>
> 长芽触土膏，小叶弄晴暾（tūn，日出）。
>
> 采采忽盈把，洗去朝露痕。
>
> 俸面新且细，搜摄如玉墩。
>
> 随刀落银镂，煮投寒泉盆。
>
> 杂此青青色，芳草敌兰荪（sūn，香草）。

诗中词句之间流露出作者厌腻荤肉的心态，而对清淡爽口的甘菊凉面大为推重，比若玉泉，胜过兰荪，表现出作者对甘菊的喜爱之情。另外明代《救荒本草》中记载，河南密县山中有一种野菜叫"凉蒿菜"，又被称为"甘菊芽"，其叶、花、和味道都与甘菊相似，只是叶子比菊花叶稍细长，在饥荒时可以采摘食用。

甘菊能清热解毒，明目利肝，活力提神，其药用价值也是各种菊花中被记述最多的，在《神农本草经》、《普济方》、《本草纲目》等众多中医药典籍中都有明确记载。

野菊。旅生田野及水滨①，花单叶，极琐细②。

【注释】

①旅生：野生，不种而生。《后汉书·光武帝纪上》："至是野谷旅生，麻未尤盛……人收其利焉。"李贤注："旅，寄也，不因播种而生，故曰旅。"

②琐：细小。此处非指其叶片细小，有句读为"花单，叶极琐细"，不妥。

【译文】

野菊，在田间野地和水边野生生长，花瓣单层，且非常细小。

【点评】

野菊，在《植物名实图考》中叫它"野山菊"，《岭南采药录》里称它为"路边菊"，可见它的生长环境多为荒郊野地，山涧沟壑。这是野菊得名为"野"的一层意思。另一层意思是野菊性喜野生生长，不为人工培育，长在天然。《百菊集谱》中就收录有一首描写野菊生长环境和志趣的七言绝句诗：

野菊

塞郊露蕊疏仍小，瘦地霜枝细且长。

境僻人稀谁与采，马蹄赢得践余香。

诗中描绘野菊花大多生长在"塞郊"和"瘦地"这样人迹罕至，荒凉不堪的地方，饱经寒露秋霜，花瓣稀疏碎小，枝干纤细瘦长。由于野菊其貌不扬，所以无人问津，但它仍在寒风中绽放着小花，经马蹄踩踏过后留下淡淡余香，一种不落世俗、不屈不挠的野性之美浑然天成。生长在旷野之中的野菊毕竟还有马儿为伴，博得"马蹄香"之名，而生长在水边的野菊则更"寂寞开无主"了。《百菊集谱》中又有野菊诗曰："熠熠（yì，明）溪边野菊黄，风前花气触人香。可怜此地无车马，扫地为渠持一觞。"没有车马之喧哗不算什么，自有风儿吹拂着菊香迎来感同身受的诗人，扫地为席，把酒与野菊对饮，孤芳自赏之义跃然纸上。实际上野菊花不一定很芳香，但也决不是臭味，明代《食鉴本草》（《日用本草》）中就有区分："花大而香者为甘菊，花小而黄者为黄菊，花小而气恶者为野菊。"

野菊长于苦寒，野性难改，但颇可入药。南朝齐梁之际的陶弘景以其"陈苦"，故又称之为"苦薏（yì）"。明代李时珍《本草纲目》中记载，野菊的根、茎、叶气味苦、辛、温，而且微微有些毒性，伤胃气，但它仍可以入药，清热解毒，主治无名肿毒，对止血、止泻也有一定疗效。

白　花

五月菊。花心极大，每一须皆中空，攒成一匾毬①。子红白，单叶绕承之。每枝只一花，径二寸，叶似同蒿②。夏中开。近年院体画草虫③，喜以此菊写生。

菊石图

【注释】

①攒（cuán）：聚集。區毬（qiú）：即扁球。

②同蒿（hāo）：即茼蒿，草名，俗名蓬蒿。八九月下种，冬春采食。

③院体：即院体画。简称"院体"、"院画"，是国画的一种。一般指宋代翰林图画院及之后宫廷画家比较工致的绘画，有时也专指南宋画院作品，或泛指非宫廷画家而效法南宋画院风格的作品。院体画为迎合帝王宫廷需要，多以花鸟、山水和宫廷生活为题材，作画讲究法度，重视形神兼备，风格华丽细腻。因时代和画家擅长有异，画风不尽相同而各具特点。鲁迅在《且介亭杂文·论"旧形式的采用"》中说："宋的院画，萎靡柔媚之处当舍，周密不苟之处是可取的。"

【译文】

五月菊，花心非常硕大，每一根花须都是中空的，攒聚成一个扁球。花药红白色，单层花瓣围绕簇拥它。每一枝干只生一朵花，直径两寸，叶子像茼蒿叶。多在夏季中期开花。近些年院体画画草虫时，喜欢用这种菊花来写生。

【点评】

在范成大《菊谱》中次列于黄花菊的就是白花菊了，这也并不是他的一家之言，而是宋代赏菊艺菊界内达成的共识。刘蒙在《刘氏菊谱》中先以黄色为先，列为上品，接着便说："其次莫若白。西方，金气之应，菊以秋开，则于气为钟焉。"他认为黄菊是得土气之应，故列为第一层次，而白菊得金气之应，得列第二层次。这其中有什么道理可言呢？原来中国传统五行学说认为，金是掩藏在土中的，以土生金，土与金是相生的关系，而金又主西方，颜色尚白，代表秋天季节，所以白菊不仅颜色洁白，而且在秋天开放，正是金气聚集的产物啊，可谓得金气之应。因此，白菊也算颜色纯正之花，只不过因土生金的关系而位列黄菊之后的第二层次罢了。

相较黄菊之正色，白菊以其素洁，更符合中国古代文人淡泊名利的追求，所以也经常成为诗词歌赋、绘画丹青的主题。史铸《百菊集谱》中收录有四首白菊诗，其中一首是这样描写的：

白菊

玉攒碎叶尘难染，露湿香心粉自匀。

一夜小园开似雪，清香自是药中珍。

诗中"玉攒碎叶"既道出了白菊晶莹剔透，又点出了它花单层不细密的外形特征，"尘难染"则勾勒出其清高不俗的淡泊格调。"露湿香心粉自匀"一句明白无误指出它的花心是粉色的，因此，凭此二句可以揣测诗中的白菊极有可能就是范成大谱中所言五月菊。"一夜小园开似雪"将白菊营造的纯白高洁意境清新逼真地展现在世人面前，引人入胜，颇得唐代诗人岑参"忽如一夜春风来，千树万树梨花开"之妙。

金杯玉盘。中心黄，四傍浅白大叶，三数层[①]。花头径三寸，菊之大者不过此。本出江东，比年稍移栽吴下。此与五月菊二品，以其花径寸特大，故列之于前。

【注释】

①三数层：此处"三"不是实数，而是虚指，多数的意思。

【译文】

金杯玉盘，花心为黄色，四周是浅白色大花瓣，多层花瓣。花冠直径三寸，菊花中没有大过它的。原本生长在江东地区，近些年逐渐移栽到了苏州地区。它和五月菊这两个品种，都是因为花冠直径特别大，所以就把

菊竹图

它们排在前面。

【点评】

金杯玉盘菊的名字不仅听起来大气，而且恰如其分。这种菊花的花盘直径达三寸，果真称得上是菊花家族中的大块头，称霸群菊。它的花形也很特别，黄色花心聚簇成杯子形状，而四周浅白色花瓣又铺展成盘状，构成玉盘托金杯之势，殊可称奇。在《百菊集谱》中，金杯玉盘菊还有另外一个响亮的名字——金盏银台，有诗为证：

金盏银台

黄白天成酒器新，晓承清露味何醇。

恰如欲劝陶公饮，西皞（hào）应须作主人。

诗中陶公是指陶渊明，西皞即少昊，传说中的西方之神。作者以金杯玉盘菊花为背景，将其想像为天造地设的新酒器，用这样的美器承接朝露味道该有多么甘醇啊，好像是想要劝饮陶渊明醉倒东篱之下而特地陈设的，想必主人一定是那西方秋季之神少昊吧！

喜容。千叶。花初开，微黄，花心极小，花中色深，外微晕淡①，欣然丰艳有喜色，甚称其名。久则变白。尤耐封殖②，可以引长七八尺至一丈，亦可揽结，白花中高品也。

【注释】

①晕淡：指施粉黛渐次浓淡。晕，光影、色泽四周模糊的部分。

②封殖：亦作"封植"，栽培、种植。此指壅（yōng）土培育。

【译文】

喜容菊，多层花瓣。花刚刚开放时，微微呈现黄色，花心非常小，花瓣靠心部分颜色深，外缘逐渐模糊变淡，花姿茂盛艳丽有欣喜的神态，和它的名字很贴切。开花时间了以后就变白了。尤其适合壅土培育，枝条可以长到七八尺乃至一丈，也可以牵引盘结。它是白花菊中的佳品啊!

【点评】

宋孟元老《东京梦华录》"重阳条"记载:"九月重阳,都下赏菊,有数种……纯白而大者曰喜容菊……"他所记载的喜容菊已经是花开成熟的喜容,花色已经由初开时的微黄转变为纯白色。而刘蒙的《刘氏菊谱》中则记载说喜容菊还叫做"御爱",他写道:"御爱,出京师,开以九月末。一名笑靥,一名喜容。淡黄千叶,叶有双纹,齐短而阔。叶端皆有两阙,内外鳞次,亦有瑰异之称。但恨枝干差粗,不得与都胜争先尔。叶比诸菊,最小而青,每叶不过如指面大。或云出禁中,因此得名。"他所谱录的御爱菊"淡黄千叶"、"内外鳞次",这些特征与范成大所记喜容菊贴近,但是刘蒙却只字没有提及御爱菊会变为白色,这又与范成大、孟元老所记喜容菊的由黄变白特征不相符,不知是刘蒙漏记,还是御爱菊与喜容菊为不同品种,实难辨析。至清康熙四十七年(1708),由康熙皇帝亲自主持删订的《御定广群芳谱》中,将刘谱和范谱中的御爱与喜容结合起来,说这种菊花"上二、三层花色鲜明,下层浅色带微白",表明御爱菊存在变色现象。不过,即便《广群芳谱》中的御爱菊也与孟元老《东京梦华录》中"纯白而大"的喜容菊相去甚远。综上所述,在记载喜容菊方面,刘谱和《广群荒谱》是一个系统,范谱和孟氏之说是一个系统,未知孰是孰非,姑且存而不论吧。

御衣黄。千叶。花初开,深鹅黄,大略似喜容,而差疏瘦①。久则变白。

【注释】

①疏瘦:清瘦。

【译文】

御衣黄,多层花瓣。花初开时是深鹅黄色,花形大概与喜容菊相似,只是比喜容菊稍微清瘦。开花时间长了就转变为白色。

九月赏菊图

【点评】

菊谱

　　御衣黄的更准确名字应叫做青梗御袍黄。康熙《御定广群芳谱》卷四十八记载："青梗御袍黄，一名御衣黄，一名浅色御袍黄，朵、瓣、叶、干俱类小御袍黄，但瓣疏而茎青耳。范谱曰，千瓣，初开深鹅黄，而差疏瘦，久则变白。"御衣黄与小御袍黄的花朵、瓣形、叶片、枝干都很相似，只是以花瓣稀疏，花柄呈青色为显著特征。而小御袍黄又与御袍黄几乎全似，只是稍瘦小，因此，欲了解御衣黄的形态细节，我们还得借助御袍黄进行比照。《御定广群芳谱》描述御袍黄又有琼英黄、紫梗御袍黄、柘袍黄、大御袍黄等名称，花如小钱大小，初开时花心红色，待花苞全开放以后又转变为黄色。花开得较早，瓣叶宽阔，瓣末梢似有细毛。花期持续很长，接近败残的时候，花变为红色。叶片绿色，稀疏而较长，肥厚而宽大，枝干高可达一丈。御袍黄的整体形状又类似御爱黄，但花心有大小之区分。既然御衣黄可能就是缩小版的御袍黄，那么其形状也就可想而知了。

　　不论御衣黄也好，还是御袍黄也罢，它们虽然初开花时都是黄色，但开久以后都会变色，御衣黄更变为白色。然而人们命名时还是喜欢用二花初开时颜色接近皇帝御服之色来称呼它们，因为御服之色在中国古代社会是非常尊贵而罕见的。

　　万铃菊。中心淡黄锤子，傍白花叶绕之。花端极尖，香尤清烈。

【译文】

　　万铃菊，花心淡黄，鎚子在心四旁，白色的花瓣环绕着。花瓣顶端极尖，花的香味特别清郁浓烈。

【点评】

　　史正志《史氏菊谱》中记载："万铃菊，心茸茸突起，花多半开者如铃。"万苓菊的花心茸茸突起，像铃儿的铃舌，四围花瓣又多半开半掩，构成一只小巧可爱的花铃铛。秋风吹来，菊花丛中万铃摇摆，犹如谱奏出一曲秋声赋，也称得上是无声意境中的"人间仙乐"了。

正如有诗云："金风铸出晚秋英,造化炉中巧赋形。飞鸟欲来还又去,似疑有许护花铃。"大自然竟孕育出了如此神似的铃菊,令飞鸟都不敢落足,惟恐受到铃声惊吓,保护了众菊花在秋风中静静开放。

莲花菊。如小白莲花,多叶而无心,花头疏,极萧散清绝,一枝只一葩[1]。绿叶,亦甚纤巧。

【注释】

①葩(pā):草木的花。

【译文】

莲花菊,像小白莲花,花瓣多层但却没有花心,花朵分散,极其闲散清雅脱俗,一根枝条上只开一朵花。绿色的叶子,也很纤细轻巧。

【点评】

康熙《御定广群芳谱》中收录有两种莲花菊,一种就是范氏《菊谱》中的莲花菊,另一种附名玉牡丹。《广群芳谱》中说:"玉牡丹,一名青心玉牡丹,一名莲花菊。"这种菊花也是多层花瓣,颜色洁白如玉,花冠直径有二寸许,花心青碧色。范谱中的莲花菊无心,可能是指没有黄色花心。玉牡丹开得较早,花朵稀少利落。青绿色的叶片分布稀疏,但却细长尖利而厚实。枝干劲拔挺立,高只有二、三尺的样子。从两者对比来看,无心、花疏、叶纤细等方面都比较相似,莲花菊与玉牡丹可能是同一种。但一以"莲花"为名,一以"牡丹"为名,相差甚远,又不免令人心生疑窦,二者是否为同花异名,实难辨析。纵使二者不是同一种菊花,至少也说明两花颇为相似,才致使人误识。不过,仅就范成大所描述的花姿神态来说,"萧散清绝",似以莲花菊名之更为相符也。

泼墨十二段

芙蓉菊。开就者如小木芙蓉[①]，尤秾盛者如楼子芍药[②]，但难培植，
多不能繁橆[③]。

【注释】

①木芙蓉：锦葵科木本花卉，花艳美，粉色、白色居多。

②芍（sháo）药：多年生宿根草本花卉，花大而美，名色繁多。

③橆（wú）：同"芜"，茂盛。

【译文】

芙蓉菊，完全开放的花像小木芙蓉，开得特别繁茂的花像楼子芍药，不过此花难于栽
培，大多不能长势茂盛。

【点评】

范成大《菊谱》中的芙蓉菊归为白花菊类，应该是指白色芙蓉菊。而康熙《御定广群芳谱》中则记载了两种芙蓉菊，一种是红色芙蓉菊，一种是白色芙蓉菊。在《广群芳谱》中，白色芙蓉菊的正名是"银芍药"，它有许多别称，比如又叫芙蓉菊、楼子菊、琼芍药、太液莲、银牡丹、银骨朵，等等。从这些别名中可以了解到，这种银芍药正是范氏《菊谱》中所记载的芙蓉菊，楼子菊就是最好的佐证。银芍药菊初开花时有点像金芍药，花色微黄，当完全开放以后，颜色就变为莹白，香味很大。待花开败时，花色又变为淡红色，也称得上是花色凡三变啊！

茉莉菊。花叶繁缛，全似茉莉，绿叶亦似之，长大而圆净。

【译文】

茉莉菊，花瓣繁多茂盛，完全像茉莉花一样，就连绿色的叶子也很相似，长大而圆润洁净。

【点评】

茉莉菊与茉莉花极其相似，无论是花形，还是叶片，都很接近。如果范成大描述得非常精准的话，那茉莉菊也可称是菊中珍品了，因为毕竟两者分属不同科属，能达到花叶非常相似，已经是很罕见了。《百菊集谱》中有一首描写茉莉菊的诗：

末利菊

来从西域馨香异，翻作东篱品自新。

悟此肯为微利役，殷勤来赏属幽人。

因为茉莉花本是从西域引种进我国的花卉，所以，作者在诗中想当然就认为茉莉菊是其"翻作东篱品自新"。由此看来，茉莉菊确与茉莉菊非常相似，以致作者无法解释其来源，索性就拟人化处理，认为西域来的茉莉花翻进东篱菊圃后就产生了新品种——茉莉菊。我们倒也不必苛求责备作者，反而这种并不科学的解释带给人清新可爱的感觉。

康熙《御定广群芳谱》中也记有茉莉菊："花头巧小，淡淡黄色，一蕊只十五、六瓣，或止二十片，一点绿心。其状似茉莉花，不类诸菊。叶即菊也。每枝条之上抽出千余层小枝，枝皆簇簇有蕊。"这种淡黄色的茉莉菊与范谱中的白色茉莉菊有区别，它的花虽然像茉莉花，但叶子却是菊花的叶子，并不与茉莉花的叶子相似。从品质上来看，范谱中的茉莉菊似更胜一筹。

木香菊。多叶，略似御衣黄。初开浅鹅黄，久则淡白。花叶尖薄，盛开则微卷。芳气最烈。一名脑子菊①。

【注释】

①脑子菊：《广群芳谱》中载："脑子菊，花瓣微皱缩，如脑子状。"

【译文】

木香菊，多层花瓣，和御衣黄略微相似。最初开花时呈浅鹅黄色，时间长了就变成淡白色。花瓣细尖薄透，盛开时则微微卷起。芳香气味最为浓烈，也称为脑子菊。

【点评】

范成大并没有交待木香菊得名的原因，而康熙《御定广群芳谱》却透露了其中的道理，谱中说："木香菊，一名玉钱。大过小钱，白瓣，淡黄心，瓣有三、四层，颇细，状如春架中木香花。又如初开缠枝白，但此花头舒展稍平坦耳。亦有黄色者。"可见，木香菊得名是由于其花瓣像木香花的原因。这种菊花盛开时，花瓣微微卷起，层层皱叠成大脑的形状，所以又被称为脑子菊。

《百菊集谱》认为木香菊得名的原因却与上述说法迥异。谱中收有一首木香菊诗：

木香菊

秋花也与药名同，素彩鲜明晓径中。

多少清芬通鼻观，何殊满架拆东风。

"秋花也与药名同"，诗中明确指出木香菊得名自中药木香。中药材里的木香是广木香和川木香的通称，属菊本药村，能行经止痛，健脾消食。不过从脑子菊这一别名来看，木香菊得名应与中药材木香无关，可能是史铸《百菊集谱》望文生义所致。诗中描写木香菊"多少清芬通鼻观"，准确点出了木香菊"芳气最烈"的特征，切中要点。

菊花图

酴醾菊①。细叶稠叠，全似酴醾，比茉莉差小而圆。

【注释】

①酴醾（tú mí）：亦作"酴醿"。酒名，一种经几次复酿而成的甜米酒；又花名，荼蘼花，以花色如酴醾。

【译文】

酴醾菊，花瓣细小，稠密交叠，很像酴醾花，比茉莉花略小而圆。

【点评】

酴醾菊原本产自河南相州（今河南安阳），在农历九月末开花，花色纯白，多层花瓣，内外交叠，长短相错，花冠的大小和酴醿花的大小接近。酴醿菊的枝干纤细柔韧，姿态婀娜。如果它的叶片稍稍圆润，再配以浅赭色花蕊，那就与酴醿花几乎没什么区别了。

历史上被称为酴醿菊的还有一种玉芙蓉。康熙《御定广群芳谱》记载："玉芙蓉，一名酴醿菊，一名银芙蓉。初开微黄，后纯白，径二寸有半，香甚。开早，瓣厚而莹，疏而爽。开最久，其残也粉红。叶靛色，微似银芍药，皱而尖。叶根多冗，茎亦靛色。枝干偃蹇，高仅三、四尺。"这种菊花的花形在初开阶段与酴醿花的形态有相似之处，但更多的时候还是像木芙蓉花，所以其正名是玉芙蓉，别称唤做酴醿菊，与范谱中的酴醿菊并不是同一种菊花。

艾叶菊。心小，叶单，绿叶，尖长似蓬艾①。

【注释】

①蓬艾：蓬蒿与艾草。

【译文】

艾叶菊，花心较小，单层花瓣。绿色的叶子尖利细长，像蓬蒿和艾草的叶子。

【点评】

根据范成大《菊谱》的分类，艾叶菊应当是白色花瓣，并且单层稀疏，花心较小，没有什么值得耀人之处。它最为赏菊者所称道的是叶片极像蓬蒿和艾草，借艾草抬高了自己的知名度。宋代《百菊集谱》中有这样一首关于艾叶菊的诗：

艾菊

一入陶篱如楚俗，重阳重午两关情。

惜哉删后诗三百，菊奈无名艾有名。

诗中陶篱指陶渊明东篱采菊，代指菊花，重阳赏菊；楚俗是说端午（又称重午）插艾草，代指艾叶，故而艾叶菊一身而"重阳重午两关情"。然而可惜的是，经过孔子删订《诗经》，最终定格三百零五篇之后，菊花无奈得落寞寡名而艾草却声名显赫起来。诗中提出了一个重要的问题，就是为什么《诗经》中有艾无菊？

艾草是菊科艾属草本，较早就被我们的先民发现其药用价值。据《本草纲目》记载：艾叶具有性温、味苦、无毒、纯阳之性，通十二经络，有回阳、理气血、逐湿寒、止血安胎等功效，经常用于针灸。中医里著名的针灸术其实包括两个部分，"针"是用银针刺激穴道，"灸"是指用点燃的艾叶去熏烤穴道和病灶。用艾叶制成的艾绒条使用方便，气味芳香，疗效显著，所以艾草又被称为"医草"。艾草不仅是医民惠民的民生植物，还是古代恋人谈情说爱的诉情草，《诗经》中的《国风·王风·采葛》篇中说："彼采葛兮，一日不见，如三月兮！彼采萧兮，一日不见，如三秋兮！彼采艾兮，一日不见，如三岁兮！"借助艾草倾诉了情人之间的相思之情。

白麝香。似麝香黄，花差小，亦丰腴韵胜。①

【注释】

①有的版本将此句句读为："白麝香。似麝香，黄花，差小，亦丰腴韵胜。"误也。其一，花似麝香，不通也；其二，白麝香为白花菊，读为黄花，与范氏定品不符。

【译文】

白麝香，花形与麝香黄菊相似，花头稍小些，也以丰盈茂盛的风韵见称。

白荔枝。与金铃同，但花白耳。

【译文】

白荔枝，花与金铃菊相同，只是花色是白色罢了。

禹之鼎《王原祁艺菊图》

银杏菊。淡白，时有微红，花叶尖。绿叶，全似银杏叶。①

【注释】

①有的版本将此句句读为："银杏菊。淡白，时有微红花，叶尖绿，叶全似银杏叶。"误也。此菊因叶片似银杏叶而得名，而银杏叶为扇形，若读为"叶尖绿"，则与银杏叶不相符也。

【译文】

银杏菊，花色淡白，偶尔有淡红色的，花瓣尖细。叶片绿色，完全和银杏叶相似。

杂　色

波斯菊①。花头极大，一枝只一葩，喜倒垂下，久则微卷，如发之鬈②。

【注释】

①波斯：原指萨珊王朝统治下的伊朗地区。224年阿尔希建立萨珊波斯王朝，定都宿利城（今伊拉克巴格达附近）。唐永徽二年（651），萨珊波斯王朝被大食（阿拉伯帝国）灭亡。

②鬈（quán）：头发弯曲。

【译文】

波斯菊，花冠极大，一根枝干上只开一朵花，性喜倒垂朝下开放。开花时间长了，花瓣微微弯曲，就像头发卷曲一样。

【点评】

从波斯菊的名称即可知它原产于幼发拉底河流域，是经由东西方的交往而引进中国的外来菊花品种。康熙《御定广群芳谱》中记载了两种波斯菊，一种就是范谱中所言的波斯菊，花色淡黄，多层花瓣。另外一种波斯菊，《广群芳谱》中说："波斯菊，白，千瓣，状同黄波斯。"这是一种白色多层花瓣的波斯菊。由于是外来菊品种，大概栽植并不广泛，中文文献资料中对波斯菊的记载较少。

现代的大波斯菊与范谱中的波斯菊并不相同，它原产于墨西哥，由一位西班牙神父将其命名。大波斯菊枝干细挺，单层花瓣，一般八瓣，花瓣尖端呈齿形，有白、粉、深红等花色，是现代园林花圃中常见花卉。

佛顶菊。亦名佛头菊。中黄，心极大，四傍白花一层绕之。初秋先开白色，渐沁①，微红。

【注释】

①沁（qìn）：渗透。

【译文】

佛顶菊，也称为佛头菊。中间黄色，花心极大，四周有一层白色花瓣环绕着。初秋时，先开白色的花，慢慢地浸润变成淡红色。

【点评】

康熙《御定广群芳谱》中对佛顶菊有详细描述："一名琼盆菊，一名佛顶菊，一名大饼子。大过折二钱，或如折三钱，单层。初秋先开白瓣，渐沁，微红。突起淡黄心，初如杨梅之肉蕾，后皆舒为筒子状，如蜂窠，末后突起甚高，又且最大。枝干坚粗，叶亦粗厚。一种每枝多直生，上只一花，少有旁出枝。一种每一枝头分为三、四小枝，各一花。"其中折二钱、折三钱都是当时流通的货币。

佛顶菊又叫做琼盆菊，市间俗称为大饼子，一般花冠大小像折二钱，也有的像折三钱大小，单层花瓣。花初开的时候是白色，渐渐浸润成淡红色。佛顶菊的得名源自它的花心形状。佛顶菊的花心生长全程有三种形态：初长时是淡黄色，像杨梅的内蕾；随后筒瓣舒展开来，像蜜蜂的蜂巢；最后筒瓣长得又高又大，像释迦佛塑像头顶上的智慧髻一般，故名佛顶菊。这种菊花有两种形态，一种是一枝一花，另一种是一枝三、四支花。另外，《广群芳谱》中还记载其他一些类似佛顶菊外形的品种，如鹅黄色的"楼子佛顶"、黄色千瓣的"黄佛项"、明黄色的"黄佛头"、白色黄心的"白佛头"、花颇瘦小的"小黄佛顶"、心大单瓣的"小白佛顶"、五六月开花

菊花图

淡红色的"夏月佛顶菊"等等。

桃花菊。多叶，至四五重^①，粉红色，浓淡在桃、杏、红梅之间。未霜即开，最为妍丽，中秋后便可赏。以其质如白之受采^②，故附白花。

【注释】

①重（chóng）：层。

②采：颜色，彩色。后来写作"彩"。

【译文】

桃花菊，多层花瓣，可达四、五层，花色粉红，颜色浓淡在桃花、杏花、红梅花之间。没等到霜降就开花了，是菊花中最为美艳的，中秋节之后便可以观赏。因为它的质地像是白色染上了彩色，所以附在白菊花里。

【点评】

桃花菊因其颜色似桃花而得名，粉红的颜色在深秋萧肃景象中非常惹眼，成为菊花中的名品，受到了众多赏菊名家的关注。《刘氏菊谱》中记载："粉红单叶，中有黄蕊。其色正类桃花，俗以此名，盖以言其色尔。"刘蒙认为桃花菊的形态风度并不非常好，但是却在其他品种菊花未开之前绽放，所以有人将其视作梅花一般，是菊中之报秋佳品。这种菊花枝叶繁密，叶片非常大，有的不开花的桃花菊叶片能达数寸。史铸在《百菊集谱》中说桃花菊的花瓣有十三、四片，花瓣展开的时间长短不齐，要过数天才能完全开放。花心黄色，中间部分还带淡绿色。桃花菊直接嗅闻并没有香味，需要捻破花头后才能闻到香气。花开十余天后，花色渐渐转变为白色，有的还寄生出青虫，啃食花瓣之后，花就完全凋谢了。深秋变白这一点，与史正志《史氏菊谱》所记吻合。不过，史铸说桃花菊的绿叶非常细小，与刘蒙所记有较大出入。

桃花菊因身为秋菊却有春天桃花之色而大受文人激赏，这也可能是菊花多以黄白二色居多，人们审美疲劳之后，故而对粉红色的桃花菊非常珍爱，不吝笔墨，赞颂名作层出不穷。如南宋词人张孝祥在《鹧鸪天·咏桃花菊》一词中所描绘的：

> 桃换肌肤菊换妆，只疑春色到重阳。偷将天上千年艳，染却人间九日黄。新艳冶，旧风光。东篱分付武陵香。尊前醉眼空相顾，错认陶潜是阮郎。

词人以"桃换肌肤菊换妆"一语，贴切地描绘出了桃花菊的"菊骨桃容"的形态特征。被世人称作菊花神的陶渊明，恰恰又写过传世名作《桃花源记》，所以"东篱分付武陵香"可谓一语双关，大自然造化偏偏弄人，怎么孕育出了桃花菊这样的品种呢？醉眼朦胧之中，又怎能不让人将陶渊明错认作阮籍呢？因陶潜有"采菊东篱下"，阮籍有"东园桃与李"之句，借以表达桃花菊在秋季绽开桃色美容，令人眼花缭乱，区分不清。

胭脂菊。类桃花菊，深红浅紫，比燕脂色尤重①，比年始有之。此品既出，桃花菊遂无颜色，盖奇品也。姑附白花之后。

【注释】

①燕（yān）脂：颜料名，多用于装饰。也作"臙脂"、"胭脂"。五代马缟《中华古今注》中"燕脂"条载："盖起自纣，以红蓝花汁凝作燕脂。以燕国所生，故曰燕脂。涂之作桃花妆。"可见胭脂之色与桃花色相近。

【译文】

胭脂菊，花与桃花菊类似，呈现深红、浅紫色，比胭脂的颜色还要浓重，近几年才开始有这个品种。这个菊花品种一出现，就使得桃花菊失去了颜色优势，变得不独特了，大概是因为它是瑰奇的品种吧。姑且附在白花菊后面。

【点评】

胭脂菊的花形花姿都与桃花菊非常相似，只是颜色比桃花菊的粉色要浓重得多，呈现深红色和浅紫色。虽然得名为胭脂菊，但实际上比胭脂的颜色还要深重，其艳丽程度把桃花

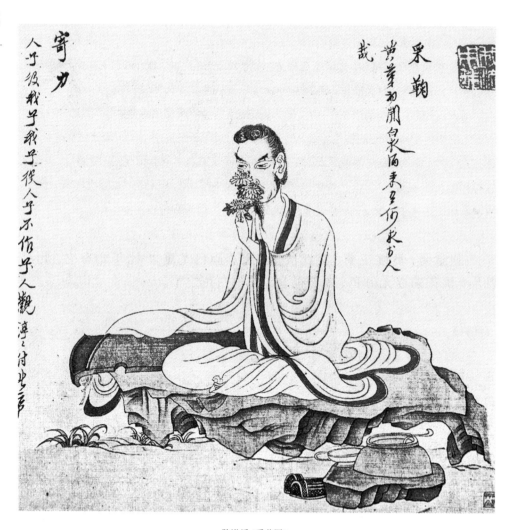

陈洪绶《采菊图》

菊远远抛在后面。如此浓艳瑰丽的菊花，在众多菊花品种中可谓一枝独秀，艳压群菊，成为菊中珍品。秋菊淡泊素雅的标格到胭脂菊这里消失得无影无踪，个中原因实在令人费解。于是宋代赏菊大家史铸禁不住猜测，莫不是天女癫狂失常了吧，否则怎会让胭脂菊来媚艳秋圃呢？《百菊集谱》中有诗为证：

燕脂菊

天女染花情若狂，鲜妍直欲媚秋光。

忍将陶径黄金色，也学秦宫朱脸妆。

朱脸妆就是红妆，先在脸颊打上白粉，再施以胭脂红。唐代杜牧《阿房宫赋》中有"渭流涨腻，弃脂水也"之句，相传秦朝阿房宫里的宫女为了博得秦始皇临幸，争相施以朱脸妆，结果每天洗脸的脂粉水流到渭水里，都浮起了一层脂腻。据说后来唐代杨贵妃也喜欢朱脸妆，有"朱脸啼痕"的典故。总之，诗中癫狂的天女肆意染成胭脂菊，忍心将陶渊明隐居的东篱，由原本的菊黄满径也要去效颦宫廷脂粉之色。欲将东篱变秦宫，看来天女真是有些失常了。作者以含蓄的笔调流露出，纵使胭脂菊再艳美，也有违菊之淡雅标格的感情。

　　紫菊。一名孩儿菊。花如紫茸①，丛茁细碎②，微有菊香。或云即泽兰也③。以其与菊同时，又常及重九，故附于菊。

【注释】

　　①紫茸：植物的紫色细茸花。

　　②茁：草初生的样子。引申为旺盛。

　　③泽兰：菊科草本植物，锯齿形叶，上有绒毛，多生于沼泽和水边。

【译文】

　　紫菊，又叫做孩儿菊。花像紫色细茸花，花瓣丛生茂盛而细碎，略微有些菊花的香气。有的认为就是泽兰。因为它与菊花同时开花，又常赶在重阳时节，所以附在菊谱之中。

【点评】

据南朝宋王韶之《神镜记》记载："荥阳郡西有灵源山,岩有紫菊。"表明紫菊原产自河南荥阳(Xíng yáng)西部的灵源山,较早就被人们记载识别。然而紫菊并不是菊花,赏菊家们也早就明确指出了二者的区别。史正志在《史氏菊谱》中说:"孩儿菊,紫萼白心,茸茸然,叶上有光,与它菊异。"可见,紫菊在花冠外长有紫色的花萼,花心是白色的,细密丛生的样子,加之叶片上有光泽,与菊花并不相同。

紫菊又叫做孩儿菊,因何得此名,实在是百思不得其解,古代赏菊家也对此提出了疑问。刘蒙《刘氏菊谱》中说:"有孩儿菊者,粉红青萼,以形得名。尝访于好事,求于园圃,既未之见。而说者谓:'孩儿菊与桃花一种。'又云:'种花者,剪掐为之。'"孩儿菊是粉红花瓣,青色花萼,像小孩子的脸,因此得名。但是,孩儿菊的这些特征与紫菊相差甚远。那么紫菊为什么又被叫做孩儿菊呢? 为了搞清这个问题,刘蒙曾多方询问求访,也没有见到孩儿菊的真面目。后来有人说孩儿菊就是桃花菊,又说孩儿菊是花匠通过剪枝掐尖培育出来的品种。因众说纷纭,本着严谨起见,刘蒙没有将孩儿菊列入菊谱之中。

后　序

菊有黄白二种,而以黄为正。洛人于牡丹,独曰花而不名。好事者于菊,亦但曰黄花,皆所以珍异之,故余谱先黄而次白。陶隐居谓菊有二种[1]:一种茎紫气香味甘,叶嫩可食,花微小者,为真;其青茎细叶作蒿艾气,味苦,花大,名苦薏,非真也。今吴下惟甘菊一种可食,花细碎,品不甚高。余味皆苦,白花尤甚,花亦大。隐居论药,既不以此为真,后复云"白菊治风眩"。陈藏器之说亦然[2]。《灵宝方》及《抱朴子》丹法又悉用白菊,盖与前说相牴牾[3]。今详此,惟甘菊一种可食,亦入药饵。余黄白二花虽不可茹，皆可入药。而治头风则尚白者。此论坚定无疑，并附着于后。

【注释】

①陶隐居：即陶弘景（456—536），字通明，号华阳隐居，丹阳秣陵（今江苏南京）人，南朝齐梁时代道教思想家、医药学家。一生著述颇丰，在医药、炼丹、天文历算、地理、兵学、铸剑、经学、文学艺术、道教仪典等方面都有深入的研究。曾整理《神农本草经》，并纂有《本草经集注》。

②陈藏器：（约681—757），四明（今浙江宁波）人，唐代医学家、药物学家、方剂学家。他编撰有《本草拾遗》十卷，首创中医方剂"宣、通、补、泄、轻、重、滑、涩、燥、湿"等"十剂"分类法。李时珍评此书"博极群书，精核物类，订绳谬误，搜罗幽隐，自本草以来，一人而已"。

③牴牾（dǐ wǔ）：抵触，矛盾。

【译文】

菊花有黄色和白色两种，而以黄色为正宗。洛阳人对于牡丹只称呼作花而不称其名，喜欢赏菊的人对于菊花也只唤作黄花，都是因为珍爱而区别对待它们。因此我在谱中先记黄花然后才是白花。陶弘景认为菊花有两种：一种是茎干紫色，气味芬芳，味道甘甜，叶子鲜嫩可以食用，花朵稍小的，这是真菊；那些青色茎干，叶片细小，散发着蒿艾气味，味道苦涩，花朵稍大的，名叫苦薏，不是真的菊花。如今，苏州地区只有甘菊一个品种可以食用，花朵细碎，品质不算很高。其它品种的菊花都有苦味，白色的菊花更加明显，花朵也很大。陶弘景谈论菊的药用价值时，就已经不把白菊作为真菊了，但后来又说"白菊可以治疗风眩"。陈藏器的说法也是这样的。《灵宝方》和《抱朴子》的炼丹方法中又都用白菊，可能和前面的说法相矛盾。现在仔细辨别清楚这些观点：只有甘菊这一个品种可以食用，也可以当药饵。其余黄白色的菊花品种，虽然不可以当蔬菜食用，但都可以入药。然而治疗头痛风眩病最好还

篱菊图

是用白菊。这些论断坚定无疑，一并记录在菊谱的后面。

【点评】

范成大在后序中再一次提到了给菊花定品的标准问题。我们从前文可知，古人给菊花定品就从"色"、"香"、"态"三个方面入手。首先从区分颜色开始。黄色菊花居第一层次，因黄色为土应正色。其次是白色菊花，因白色得西方金气之应。再次是紫色菊花，古人认为紫菊是由白菊演变而来的，所以排在白菊之后。第四是红色菊花，因为古人认为红菊是由紫菊衍生出来的。这样，黄、白、紫、红就排定了次序。接下来就是"香"和"态"，古代并没有清晰的区分标准，只要是有色又有香，有香又有态，那一定是菊花中的珍贵品种。可能有人会疑惑，花卉不都是以外形神态见称于世的吗，而为什么《菊谱》将"态"的标准放到最后考虑呢？这就关系到古人以菊花来比附君子品格的文化内涵问题了。在中华传统文化符号象征系统中，娇妍繁花被定格为小人，梅兰竹菊被标示为君子，从来没有听说过君子是以美颜华服的外貌神态来取悦世人的，相反，君子往往以清新寡欲，豁达宏量的内心修为洋溢出纯朴自然，特立于世的外在气质的。当然，至于具香与色而又有态，那是君子而有威仪者也，孰乎接近至善至美的完人标准。

　　除了从色、香、态三方面划分菊花的品级之外，还可以从"质"的标准即"真"与"非真"来区别看待菊花。范成大引用了陶弘景的说法，认为菊类植物中有真菊和苦薏之分。紫茎、气芳、味甘、叶子鲜嫩可食用、花朵稍小的就是真菊，青茎、气恶、味苦、叶子细小、花朵稍大的就是苦薏，"非真"菊也。并且陶弘景和唐代的本草学家日华子都没有记载多层花瓣的菊花，因此有人就怀疑宋代诸多《菊谱》所记载的品种里面，有些可能不是菊花。其实，对于古人的记载，我们既不必完全相信，又不应该全面否定。《刘氏菊谱》中就曾经说，某些菊花青茎，然而气香味甘，枝叶纤细，也有的菊花味苦，没有蒿艾气但却是紫茎。这些都是已经长时期以来被人们认作为菊花的品种，所以，并不能教条地照搬旧说而把这些菊花品种拒之谱外。另外，更重要的是，菊花经过人工栽培，其性状可能会发生变化。日华子曾经说过："花大而甘者为甘菊，花小而苦者为野菊。"如果将野菊放进花圃中，多施肥，勤照料，野菊的小花也能变为大花，苦味变为甘味，这是经过实践验证了的。看来并不能把前人的旧说都奉为圭臬，一切还要以实践来检验。正因为如此，范成大在菊可入药这一点上慎之又慎，不轻易相信前人，经过仔细验证之后，才做出"坚定无疑"之结论，这种实事求是的实证精神确实是难能可贵的。